海底管道漏磁内检测技术与装备

王建丰　　郑　莉　焦晓亮　　　著
　　　　　李禄祥　熊　鑫

科学出版社

北　京

内 容 简 介

本书是在总结海底管道漏磁内检测技术与装备开发、技术应用及工程实践经验的基础上,参考国内外大量资料和标准、规范撰写而成。全书共12章,包含海底管道漏磁内检测技术及装备开发所涉及的主要内容。

本书可供管道内检测产品和技术设计与应用、漏磁技术开发与应用、管道安全管理、管道检测仪器开发、机电工程设计、制造与电磁理论研究、无损检测技术与管理等方面的人员使用,也可作为管道检测、无损检测技术的培训教材和教学参考书。

图书在版编目(CIP)数据

海底管道漏磁内检测技术与装备/王建丰等著. —北京:科学出版社,2017.5

ISBN 978-7-03-052694-6

Ⅰ.①海… Ⅱ.①王… Ⅲ.①水下管道-石油管道-漏磁-管道检测-研究 Ⅳ.①TE973.6

中国版本图书馆 CIP 数据核字(2017)第 098795 号

责任编辑:张海娜 王 苏 / 责任校对:桂伟利
责任印制:张 伟 / 封面设计:蓝正设计

斜 学 出 版 社 出版

北京东黄城根北街 16 号
邮政编码:100717
http://www.sciencep.com

北京中石油彩色印刷有限责任公司 印刷
科学出版社发行 各地新华书店经销

*

2017 年 5 月第 一 版 开本:720×1000 B5
2017 年 5 月第一次印刷 印张:11
字数:224 000

定价:**80.00 元**
(如有印装质量问题,我社负责调换)

前　言

　　油气管道是油气集输与储运生产系统中的一个重要组成部分。我国经济的快速发展大力推动了管道工业的建设。受技术、经济条件和设计施工水平等因素的制约，管道安全存在先天隐患。同时，由于受到管道检测技术水平及发展的限制，大部分管道尚未进行过全面检测，管道运营企业缺乏对运营期管道状况的了解。行业数据显示，近年来管道事故呈上升趋势，给管道安全造成了严重的威胁。管道发生泄漏事故，容易造成爆炸、火灾、环境污染等一系列的灾害，如果发生在居民聚集区，会造成更为严重的后果。

　　欧洲空气与水保护组织（CONCAWE）及美国天然气协会（AGA）对西欧及中国地区历年输油、气管线事故统计的结果显示：管线腐蚀、外力损伤及机械损伤是导致管线泄漏及爆炸起火最重要的原因。

　　20世纪80年代后期，全社会的环保意识逐渐增强，对安全的意识逐步提高。同时，随着我国油气管道总里程的快速增长以及越来越多的管道步入老龄化阶段，带缺陷管道的泄漏和破裂事故频繁发生，企业越来越重视管道的安全高效运行。为了满足安全和环保的要求，企业越来越多地利用各种先进检测手段对管道的状态和整体性进行全面细致的分析。

　　我国从20世纪90年代起开展管道安全技术的研究与实践，近年来在管道安全观念、立法及管理方面有了很大进步，建立了包括国务院条例及国家人力资源和社会保障部（以下简称人社部）、国家商务部、国家质量监督检验检疫总局（以下简称国家质检总局）规章和规范性文件在内的管道法规体系。

　　《海洋石油天然气管道保护条例》中提出了对管道实施定期检测的要求。中国海洋石油总公司（简称中海油）在《"二次跨越"发展纲要》、中海油企业标准《海底管道运行监测与检测技术要求》、中海油管理制度《海底管道完整性管理解决方案》等中都对海底管道发生泄漏的风险管控、管道的安全管理提出了具体要求。2014年10月，《国务院安全生产委员会关于深入开展油气输送管道隐患整治攻坚战的通知》中指出，要"加强油气输送管道建设项目从规划、设计、施工到投产、运行维护等各个环节的有效衔接和严格管理，加快推动出台油气输送管道完整性管理等配套法规、部门规章和标准规范，落实部门分工，细化工作职责，督促管道企业全面实施完整性管理，加强日常监督检查和管道保护宣传，推动建立油气输送管道保护和安全管理长效机制"。2015年3月，国家发展和改革委员会办公厅文件《高端船舶与海洋工程装备关键技术产业化实施方案》明确提出在管道内检测系统等重大产品示范应用、重大产品研发和试验检测平台建设等的政策支持。2015年4月，《质检总局关于印发质检系统开展油气输送管道隐患整治攻坚战工作方案的通知》中明确提出落实在役管道日常监测和定期检验工作。

随着国家对管道安全重视程度的逐步加强,相关检测服务的立法体系逐步健全,管道检测技术自主发展符合国家相关政策及国家、行业的相关环保、安全和发展规划,行业政策环境良好,为我国自主海底管道内检测技术的发展带来了新的契机。

作者将海底管道漏磁内检测研究团队多年的经验和成果进行了梳理,总结成本书。全书共 12 章:第 1 章为绪论;第 2 章介绍漏磁内检测技术原理与核心技术的概况;第 3 章介绍海底管道漏磁内检测总体技术与可靠性设计;第 4 章介绍海底管道漏磁内检测器的结构设计与实现;第 5 章介绍漏磁磁路设计与仿真技术;第 6 章介绍漏磁检测传感技术与实现;第 7 章介绍数据采集存储技术与实现;第 8 章介绍内检测缺陷高精度定位技术与实现;第 9 章介绍海底管道漏磁内检测器测试方法与实验验证;第 10 章介绍海底管道漏磁内检测器应用现场评估与使用;第 11 章介绍航天质量管理在内检测器研制中的应用;第 12 章介绍海底管道漏磁内检测技术的新发展。

在成书过程中,王建丰负责第 1、12 章的撰写;郑莉负责第 2、5 章的撰写;郑莉、焦晓亮、李禄祥负责第 3 章的撰写;李禄祥、王妮、贾兴豪、刘洋、尹建华负责第 4 章的撰写;熊鑫负责第 6 章的撰写;申志飞、焦晓亮负责第 7 章的撰写;李志华、张广宇负责第 8 章的撰写;郑莉、熊鑫、李禄祥、贾兴豪、刘洋负责第 9、10 章的撰写;王妮、焦晓亮负责第 11 章的撰写。全书由王建丰、郑莉、焦晓亮统稿。另外,呼婧参与了第 5、10 章的录入及全书的排版等工作,刘玉莎参与了第 5 章数据仿真及录入等工作。在此,谨向中海油与中国航天科工集团公司多年以来对本书涉及的技术和产业领域发展给予的大力支持和全方位的保障表示由衷的感谢;对中国航天科工集团第三研究院、中海油能源发展装备技术有限公司、中国航天科工集团第三十五研究所等单位在本书的技术开发、技术应用验证、技术创新与实践等过程中的真诚合作表示最诚挚的谢意;对多年密切合作的海底管道漏磁内检测技术与装备研究团队全体成员在本书相关技术及研究成果中做出的重要贡献表示最真诚的感谢。另外,感谢国家自然科学基金(61401415)对本书相关研究的支持。

限于作者水平,本书难免存在疏漏之处,恳请读者不吝指正。

目　　录

前言
第1章　绪论……………………………………………………………… 1
　1.1　海底管道检测的意义 ……………………………………………… 1
　1.2　海底管道与检测方法简介 ………………………………………… 3
　1.3　海底管道故障因素 ………………………………………………… 5
　1.4　海底管道漏磁内检测技术概况 …………………………………… 8
　1.5　管道漏磁内检测技术与产业现状 ………………………………… 9
　　1.5.1　国外管道内检测技术与产业现状 …………………………… 10
　　1.5.2　国内管道内检测技术与产业现状 …………………………… 12
　　参考文献 ………………………………………………………………… 14
第2章　漏磁内检测技术原理与核心技术概况 ……………………… 15
　2.1　磁场及漏磁内检测原理 …………………………………………… 15
　　2.1.1　磁场 …………………………………………………………… 15
　　2.1.2　材料的磁学特性 ……………………………………………… 16
　　2.1.3　漏磁内检测原理 ……………………………………………… 19
　2.2　漏磁内检测特点及核心技术概况 ………………………………… 21
　　2.2.1　漏磁内检测技术特点及漏磁内检测器 ……………………… 21
　　2.2.2　漏磁内检测核心技术概况 …………………………………… 23
　　参考文献 ………………………………………………………………… 27
第3章　海底管道漏磁内检测总体技术与可靠性设计 ……………… 28
　3.1　海底管道漏磁内检测器总体技术 ………………………………… 28
　3.2　海底管道漏磁内检测器装备的可靠性设计 ……………………… 29
　　3.2.1　可靠性要求 …………………………………………………… 30
　　3.2.2　可靠性设计原则 ……………………………………………… 30
　　3.2.3　可靠性设计与分析要求 ……………………………………… 30
　　3.2.4　可靠性与环境适应性验证 …………………………………… 31
　　3.2.5　环境应力筛选 ………………………………………………… 31
　　参考文献 ………………………………………………………………… 32
第4章　海底管道漏磁内检测器的结构设计与实现 ………………… 33
　4.1　海底管道漏磁内检测器的结构设计 ……………………………… 33

　　　4.1.1　结构设计原则 ……………………………………………… 33
　　　4.1.2　结构设计技术指标分析 ………………………………… 33
　　　4.1.3　海底管道漏磁内检测器的结构设计方案 ……………… 34
　4.2　海底管道内检测器结构的仿真设计 …………………………… 45
　　　4.2.1　热设计及仿真 ……………………………………………… 45
　　　4.2.2　通过性设计仿真 …………………………………………… 48
　　　4.2.3　力学设计及仿真 …………………………………………… 51
　4.3　海底管道漏磁内检测器结构的生产与组装 ………………… 53
　参考文献 …………………………………………………………………… 54
第 5 章　漏磁磁路设计与仿真技术 ……………………………………… 55
　5.1　漏磁磁场理论与磁路仿真原理 ………………………………… 55
　　　5.1.1　漏磁检测磁场的基本概念 ……………………………… 55
　　　5.1.2　漏磁场的理论计算方法 ………………………………… 56
　　　5.1.3　漏磁检测技术的磁路种类 ……………………………… 59
　　　5.1.4　磁路的有限元仿真原理 ………………………………… 60
　　　5.1.5　磁路设计的主要研究流程 ……………………………… 60
　　　5.1.6　磁路影响因素的介绍 …………………………………… 61
　5.2　二维漏磁磁路仿真设计 ………………………………………… 62
　　　5.2.1　二维仿真磁路的结构 …………………………………… 62
　　　5.2.2　一种优化剖分的二维有限元仿真技术介绍 …………… 62
　　　5.2.3　二维磁路仿真的各影响因素 …………………………… 65
　　　5.2.4　二维磁路仿真各因素影响程度汇总 …………………… 79
　　　5.2.5　二维仿真结果在试验样机磁路的应用 ………………… 79
　5.3　三维漏磁磁路仿真设计 ………………………………………… 80
　　　5.3.1　三维有限元仿真磁路结构 ……………………………… 80
　　　5.3.2　三维有限元仿真优化剖分技术 ………………………… 81
　　　5.3.3　三维有限元仿真的计算和后处理 ……………………… 83
　　　5.3.4　三维有限元仿真有效性验证 …………………………… 87
　　　5.3.5　三维有限元仿真优化后结果分析 ……………………… 88
　5.4　磁性材料测试方法 ……………………………………………… 90
　　　5.4.1　环样法测定磁性能 ……………………………………… 91
　　　5.4.2　小结 ………………………………………………………… 95
　参考文献 …………………………………………………………………… 95
第 6 章　漏磁检测传感技术与实现 ……………………………………… 96
　6.1　漏磁检测传感技术原理与内外缺陷区分原理 ……………… 96

6.1.1　漏磁场检测传感技术原理 ···96

6.1.2　内外缺陷区分原理 ···99

6.2　漏磁检测传感系统方案设计 ···102

6.2.1　漏磁检测传感器单元方案设计 ·······································102

6.2.2　霍尔传感器的选择 ··103

6.2.3　采集电路方案设计 ··103

6.3　漏磁检测传感器单元电路设计要点 ··································104

6.3.1　霍尔传感器的选用原则 ··104

6.3.2　涡流传感器的设计要点 ··104

6.3.3　采集电路的设计要点 ···105

参考文献 ··106

第7章　数据采集存储技术与实现 ···107

7.1　数据采集存储的设计要求 ···107

7.1.1　数据采集存储的功能需求 ···107

7.1.2　数据采集存储的关键指标 ···107

7.1.3　数据采集存储的设计要点 ···108

7.2　数据采集存储的关键技术 ···109

7.2.1　数据采集处理技术 ··109

7.2.2　数据存储技术 ··110

7.2.3　高速电路设计技术 ··111

7.3　数据采集存储技术的实现 ···112

7.3.1　单片机架构 ···113

7.3.2　ARM架构 ···113

7.3.3　FPGA＋ARM架构 ···113

7.3.4　FPGA架构 ··114

第8章　内检测缺陷高精度定位技术与实现 ····························115

8.1　技术设计必要性与难点分析 ··115

8.1.1　技术设计必要性 ···115

8.1.2　技术设计难点分析 ··115

8.2　主流设计技术 ···118

8.2.1　里程轮定位法 ··118

8.2.2　加速度计定位法 ···119

8.2.3　惯性导航定位法 ···119

8.2.4　GPS定位法 ···120

8.2.5　负压力波定位法 ···121

　　8.2.6　外部标记定位法 ·· 122

　　8.2.7　系统融合定位法 ·· 122

　8.3　里程惯导融合定位技术与实现 ··· 123

　　8.3.1　总体控制方案设计 ··· 123

　　8.3.2　总体结构方案设计 ··· 124

　　8.3.3　里程系统方案设计 ··· 125

　　8.3.4　惯导系统方案设计 ··· 126

　　8.3.5　里程与惯导系统融合定位方案设计 ···························· 129

第 9 章　海底管道漏磁内检测器测试方法与试验验证 ················ 132

　9.1　海底管道漏磁内检测器测试方法 ····································· 132

　　9.1.1　电池组测试 ··· 132

　　9.1.2　磁化单元测试 ·· 133

　　9.1.3　漏磁检测传感器单元测试 ·· 134

　　9.1.4　姿态检测系统测试 ··· 135

　　9.1.5　里程检测系统测试 ··· 136

　9.2　海底管道漏磁内检测器的环境试验 ·································· 136

　　9.2.1　概述 ·· 136

　　9.2.2　整机抗振动能力的验证 ··· 137

　　9.2.3　整机高低温适应性能力的验证 ····································· 138

　　9.2.4　整机在直管道中通过性的验证 ····································· 138

　　9.2.5　整机环路平台综合性能的验证 ····································· 138

　　9.2.6　产品耐磨性的验证 ··· 139

　　9.2.7　密封性的验证 ·· 139

　　9.2.8　耐腐蚀性的验证 ·· 140

　9.3　试验数据 ··· 140

第 10 章　海底管道漏磁内检测器应用现场评估与使用 ·············· 144

　10.1　海底管道漏磁内检测器的使用方法 ································ 144

　　10.1.1　配套工具 ··· 144

　　10.1.2　工作模式 ··· 144

　　10.1.3　地面测试和检查 ··· 144

　　10.1.4　管道检测应用 ·· 145

　　10.1.5　维护与维修 ·· 147

　10.2　海底管道漏磁内检测器检测现场评估流程与方法 ············ 147

　　10.2.1　评估所需材料 ·· 147

　　10.2.2　通过性评估方法 ··· 151

10.2.3　结构通过性制约因素 ……………………………………… 151

10.2.4　发球可行性分析 …………………………………………… 151

10.3　现场应用案例…………………………………………………… 152

10.3.1　PL 19-3 A 至 M 段海底管道试验验证 …………………… 152

10.3.2　BZ34-2EP 至 BZ34-1CEPA 平台海底管道试验 ………… 154

第 11 章　航天质量管理要求、体系及在内检测器研制中的应用…………… 156

11.1　航天产品的质量管理要求………………………………………… 156

11.2　航天产品的质量管理体系………………………………………… 156

11.3　航天质量管理在内检测器研制中的应用………………………… 158

11.3.1　海底管道漏磁内检测的研发管理模式 …………………… 158

11.3.2　海底管道漏磁内检测研发过程的质量控制措施 ………… 158

第 12 章　海底管道漏磁内检测技术的新发展 ……………………………… 160

第1章 绪 论

1.1 海底管道检测的意义

在油气田开采过程中,油气输送管道是油气集输与储运生产系统中的一个重要组成部分,它是连续输送大量油(气)最快捷、最经济的运输方式。西气东输建设以来,我国进入石油天然气管道建设的飞速发展期,每年以超过1万km的建设速度增加。我国经济的快速发展大力推动了管道工业的建设,目前国内已拥有12万km的陆地管道和6000km的海底管道。由于技术、经济条件的制约,以及设计、施工水平、材料缺陷和多年运行的损伤,管道安全存在不少隐患。同时,由于受到管道检测技术水平及发展的限制,大部分管道尚未进行过全面检测,因而缺乏对管道状况的了解。近年来,管道事故也呈上升趋势,给管道安全造成了严重的威胁,尤其是海上油气泄漏事故给国民经济造成了难以估计的损失,引起国际社会重点关注。

据统计,我国每年发生海上各种溢油事故约500起。1980~1997年共发生重大溢油事件118起。近年来,我国沿海溢油事故仍旧频发,如2010年7月的大连海上溢油事件,2011年6月的渤海蓬莱海域康菲溢油事件,都造成了严重的环境危害和大额财产损失,引发了公众恐慌和社会舆论关注。

随着时间的推移,土壤腐蚀、地形沉降、塌陷、热输形变、洋流冲刷、第三方施工破坏等原因,常使管道产生不同程度的形变、腐蚀和损伤,如管道凹陷、椭圆形变、弯曲、下沉等。这些形变会使输油阻力增大,导致油气传输率下降。为了保持正常输油量,必须增加能耗,这是油气管道流动安全管理的重要攻关问题之一。管道形变也会造成管道强度降低和管形变化,形成安全隐患;管道腐蚀会损伤管道的本体运行安全,严重时可能发生管线泄漏、爆炸等事故,导致严重的经济损失和社会危害。在役油气管道安全评估与维护是油气管道完整性管理的核心关注区。管道内检测技术作为管道本体安全评估最有效的方式,是油气管道检测的主要手段。

随着国际局势的不断变化,我国边境海洋信息安全保护越来越重要,在我国大力发展海洋装备的政策牵引下,迫切需要国内企业突破海洋及石油工业高端制造业的技术瓶颈,实现重大油气检测装备国产化和自主安全管线运维。

国外油气管道安全管理技术源于20世纪70年代。当时美国等发达国家在第二次世界大战以后兴建的大量油气管道已逐渐老化,各种事故频繁发生,造成了巨大的经济损失和人员伤亡。同时,大量新建管道的安全形势也要求管道公司实施有效的管理措施。为此,一些大的管道公司和科研机构开始了以安全检测与风险管理为主要内容的管道完整性评价技术的研究,以期最大限度地减少油气管道的事故发生率和尽可能地延长重要干线管道的使用寿命,合理地分配有限的管道维护费用。与此同时,美国、加拿大、澳大利亚等一些发达国家的政府和议会也积极参与管道完整性管理计划,制定和出台了一系列标准规范以及法律法规。企业、政府和科研机构的积极合作,共同促进了管道安全管理技术的发展。

美国是世界上拥有油气管道最多的国家,已经制定了一系列管道安全技术法规,从 1968 年的《管道安全法》到 2002 年的《管道安全改进法案》和 2006 年的《管道检验、保护、强制执行和安全法案》,美国以先进的检测技术和标准体系作为支撑,使管道工业的科技进步及时在法律中得到体现。

作为国际最危险行业之一的油气管道,国际的管道完整性管理法规和技术已经历四个阶段的发展,正在逐步完善。通过合理的管理和技术控制,美国、日本等国家已渡过了事故高发期。而我国从 20 世纪 90 年代才开展管道安全技术的研究和实践。随着我国国民生产能力的不断提升,油气管道大规模建设,新管道处于浴盆曲线的早期故障期,近 30 年的管道进入损耗故障期,我国油气管道进入事故高发期,发生了"11·22"中石化输油管道泄漏爆燃事故以及多起海上油气泄漏事故。

为了保护海洋生态环境、维护公共安全,继 1983 年颁布《中华人民共和国海洋石油勘探开发环境保护管理条例》后,2010 年 10 月 1 日,国家出台了《中华人民共和国石油天然气管道保护法》,以进一步强化管道运行中的保护措施,建立更加有效的管道保护制度。据悉,专门针对海底管道运营安全的《海洋石油天然气管道保护条例》也已列入国务院二类立法计划,即将出台。保护条例中提出了对管道实施定期检测的要求。

近几年,我国在管道安全观念、立法及管理方面有了很大进步,建立了包括国务院条例及人社部、商务部、国家质检总局规章和规范性文件在内的管道法规体系。但相对于发达国家的管道法规和标准,我国无论在技术水平还是管理水平上都存在一定的差距,还有许多基础工作需要开展和完善。

作为管道风险评估和完整性管理的核心,我国油气管道检测长期依赖于国外检测公司,我国管道检测产业的前期投入显得不足。但我国已逐步开展对管道检测技术和装备开发的扶持,从法规、标准和技术等方面全面推进管道完整性管理,得到了行业和企业的积极响应。

中海油在《"二次跨越"发展纲要》中明确要求,"以加强本质安全建设为目标,继续加大安全隐患的排查和治理力度,全面加强全产业链安全管理",即要求在"二次跨越"发展过程中,始终牢固树立"安全环保第一"的思想;"加大安全环保隐患的治理,对隐患做常态化监控和整改"。

中海油《质量健康安全环保 5 年发展滚动规划》中明确将承担社会责任、保护生态环境、保障人员身体健康作为企业文化的核心价值观,并作为下一步质量健康安全环保的重点工作,要求"保持对环境污染事故和环保事件的高度敏感性,将其提高到危机管理事件处理的高度",并将"海底管道发生泄漏的风险""溢油污染风险"等 28 项列为需着力控制的高风险事项。

中海油 2011 年发布了企业标准《海底管道运行监测与检测技术要求》,2014 年 5 月 21 日颁布了管理制度《海底管道完整性管理解决方案》。上述标准和制度中都提出了对管道安全管理的具体要求。

打破国外垄断、提高技术水平、保障管道安全运行成为当前我国海底管道检测自主发展的首要任务。

1.2　海底管道与检测方法简介

海底管道按照输送介质的不同主要分为海底输油管道、海底输气管道、海底油气混输管道和海底输水管道,从结构上主要有单层保温管和双层保温管等。

海底管道结构组成一般由海底管道本体、海底管道外涂层(包括腐蚀防护涂层、保温涂层、阴极保护系统)、填充层,以及混凝土配重层(为管道提供负浮力,并使防腐涂层在管道安装和寿命期间内免遭机械破坏),海底管道结构形式如图 1-1 所示。为了进行腐蚀控制,有些海底管道还会使用耐腐蚀钢管或内钢衬管或包层、有机防腐涂层或内衬等。

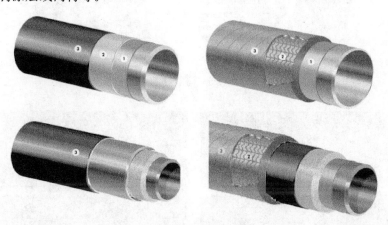

图 1-1　海底管道结构形式

海底铺设管道与陆地管道存在的典型差异之一就是存在立管系统。海底管道敷设示意图如图 1-2 所示。海管立管大致可分为顶部预张力立管、钢悬链立管、柔性立管、塔式立管等。海底管道结构附件主要包括法兰(图 1-3、图 1-4)、三通、阀门、弯头、膨胀弯等。其中,膨胀弯是连接平台垂直立管到海底平管段的管段,能够缓冲管道由于内外温差产生的膨胀收缩变形,起到协调变形的作用。

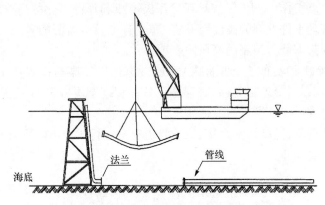

图 1-2　海底管道敷设示意图

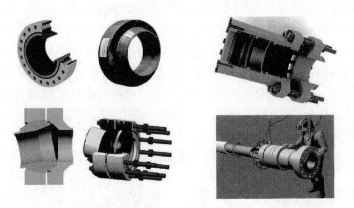

图 1-3　海管法兰

图 1-4　海管法兰安装示意图

1.3 海底管道故障因素

我国的海上油气田生产的原油和天然气多由海底管道输送到陆上终端处理厂处理。海底油气管道会受到自身的埋设条件、工况条件、输送介质和防腐措施的影响,随着服役时间的增长,管道状况逐渐恶化,潜在危险很大;同时海底管道还会受到海床变化、航道、潮流等环境状况以及拖网干扰、抛锚等的影响,其复杂的工况和难度较大的检测手段,使海底管道安全风险相对较高。

海底管道的故障有多种形式,主要是管道运行或铺设过程中受到物理、化学、机械等因素作用,管道存在不同程度的腐蚀、损伤、变形、冲刷、位移和悬跨等各类缺陷和现象。根据对国外海底管道故障原因的调研以及对国内海底失效管道原因调研,目前造成海底管道故障的原因主要有以下几方面:

(1)第三方破坏;

(2)腐蚀;

(3)工程质量;

(4)自然灾害;

(5)结构或配件失效;

(6)人为操作失误。

1. 第三方破坏因素

第三方破坏指第三方的海上活动导致海底管道发生的破坏,如图 1-5 所示。当管道位于渔业活动区、航道区或海上工程施工范围区内时,若埋设不深或由于波流冲刷而裸漏出海床时,很容易受到渔网拖挂、船锚和船上落物撞击作用。另外位于海上工程施工范围内的管道以及平台附近的管道部分受施工和平台上落物撞击作用的危险性也比较大。这些作用都将使管道受到一定程度的损伤,严重时会造成管道断裂。

图 1-5 第三方破坏导致的管道损伤

2. 腐蚀因素

对于海底管道来说,常见的腐蚀有全面腐蚀、局部腐蚀、氢脆腐蚀、疲劳腐蚀、焊缝腐蚀,其腐蚀结果是管壁减薄,从而降低管壁的承载能力,有的甚至发生腐蚀穿孔现象,使管道发生破坏或泄漏。腐蚀的管道损伤如图 1-6 所示。

(1) 内腐蚀:金属管道内表面的腐蚀或侵蚀,发生在金属管道的内表面与输送介质的接触面。

(2) 外腐蚀:发生在金属管道的外表面腐蚀,是常年与海水或海地土壤等介质直接接触的结果。

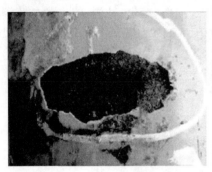

图 1-6　腐蚀的管道损伤

3. 工程质量因素

(1) 设计因素:包括管道分析模型的选取、管道系统的力学计算、管道安全系数的选取、土壤移动因素的考虑等。

(2) 制造因素:钢管在质量上存在一定缺陷,如管材的壁厚不均匀、椭圆度不高、管材表面存在裂纹、划伤以及内部存在偏析、气泡、夹杂物等,这些质量缺陷均会影响管道的使用质量。管材焊接质量的好坏也直接影响管线的使用寿命。

(3) 施工因素:施工质量的好坏会直接影响管道的质量。由施工所带来的事故隐患是不容忽视的。

由工程质量因素造成的管道损失见图 1-7。

4. 海底管道故障统计

1) 国内

中海油自 1985 年在渤海埕北铺设第 1 条海底管道以来,许多海底管道逐步进入了中后期服役阶段。由于受当初技术、经济条件的制约,以及设计、施工水平、材料缺陷和多年运行造成的危害等,有些管线已存在不同程度的损伤,近年还发生过数次管线损坏事故,更给管道安全造成了严重的威胁。导致事故发生的原因包括

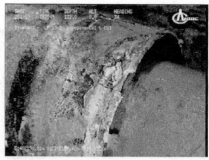

图 1-7 工程质量因素造成的管道损伤

第三方破坏、内腐蚀、工程质量、外腐蚀和操作失误等,其中第三方破坏占故障总数的 41%;管道内腐蚀占故障总数的 23%;管道外腐蚀占故障总数的 21%;海底管道制造缺陷、施工缺陷以及焊接缺陷影响,导致管道发生泄漏的占故障总数的 10%,这类事故由工程质量引起,同时由于工程阶段涂敷质量导致的外腐蚀也可归该类事故(图 1-8)。

由海底管道事故造成的经济损失非常严重,中海油某分公司在 2006～2011 年,重大设施抢修投入直接费用共计 49.2 亿元,其中海底管道费用为 15.24 亿元[1]。

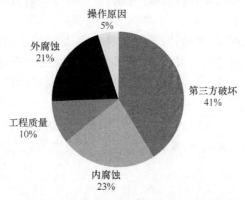

图 1-8 海管事故统计图(按事故原因统计)

2)英国北海

PARLOC 的管道数据来自英国海上运营商协会、英国石油管理局和英国健康与安全管理局对北海 2000 年以前服役的海底管道事故的研究。这个管道数据库是建立在对安装在北海所有管道及其附件调研的基础上,所涉及的管道事故是指那些直接导致或有可能导致管道发生泄漏的事故,其海管事故统计见图 1-9。

3)墨西哥湾

美国矿产管理服务局对墨西哥湾 1967～1987 年的管道失效事故进行了统计,在这 20 年间共发生管道失效事故 690 起,平均每年约 35 起。根据统计,腐蚀是引

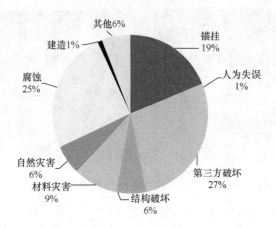

图 1-9　英国北海海管事故统计图

起管道事故的主要原因。有大约 50％的管道事故是由腐蚀引起的；第三方活动和软泥滑动是海底管道失效的次要原因，分别占总失效管道的 20％和 12％；剩余18％失效管道的事故原因是机械损伤或原因不明。

　　海底管道是高风险的工程，它的高风险主要来自恶劣的环境条件，腐蚀、波流冲刷、机械破坏、第三方活动、材料和焊缝缺陷、海床运动和管道附件失效是海底管道失效的主要原因。

　　可以通过合理选线、合理设计、严控材料质量、加强施工质量监督、运行期间定期检测等措施来防止海底管道发生失效，提高海底管道的安全性，确保海底管道在役期间安全运行。与此同时，海底管道完整性检测和评价是管理高后果和高风险海底管道评估的有效手段。海底管道的检测技术分为内检测技术、外检测技术和外勘察技术，针对不同的风险因素实施不同的检测技术。内外腐蚀是造成海底管道事故的最大风险因素，通过内检测可提前发现危险点，采取预防维修措施。

1.4　海底管道漏磁内检测技术概况

　　管道漏磁内检测技术是当前国内外公认的最完善的管道检测手段。目前，国际上 90％的管道内检测采用该技术。漏磁内检测技术在国外油气管道工业发达国家中被广泛使用。国外还针对漏磁检测颁布了相关管道安全检测法规。例如，1993 年美国石油学会颁布了《管道检测规程——在役管道系统检验、修理、更换及再鉴定标准》（ANSI/API 570—1993）。目前这个标准已经发展到了第三版，即ANSI/API 570—2009 版。

　　海底管道内检测流程主要分为清管、新管线内检测、老旧管线内检测、检测与评估。

1）清管

（1）依托常规系列清管和强磁清管器，对用户管线进行日常的清管维护服务。

（2）针对海底天然气凝析液管道长期运行后，会在管道内积聚大量凝析液，使管道流通面积减小，进而造成举升困难、能量损耗增大，在特定条件下还可能生成水合物堵塞管道，而常规清管器易造成大量液体在清管器下游积聚，形成液塞，运行极不稳定，并对下游处理系统造成严重影响的问题，通过海底天然气凝析液管道射流清管服务，在清管过程中通过旁通气流的携液作用控制清管器下游积液流型，进而减少液体积聚，实现平稳清管。

2）新管线内检测

依托管道超声内检测器、管道轨迹测绘系统等，配套内检测流程所必需的清管服务，为新管线提供管道裂纹、损伤、缺陷、管道路由的精确测量服务，评估管线的建设质量和安全状况。

3）老旧管线内检测

（1）针对具备管道漏磁内检测的海底管线，依托管线变形内检测器、管道漏磁内检测器，配套内检测流程所必需的清管服务，为管线提供精确的管道变形、腐蚀、内外缺陷区分的精确测量服务，评估管线的安全状况。

（2）针对不具备开展管道漏磁内检测、但具备清管条件的大形变或内部工况复杂的海底管线，依托管线大变形内检测器，配套内检测流程所必需的清管服务，为此类管线提供精确的形变检测、管道大面积腐蚀的基础检测和评估，为此类管线开辟有效的安全评价手段。

4）检测与评估

依托内检测实施结果数据，为用户提供管线最大安全工作工况评估和剩余寿命评估。

1.5　管道漏磁内检测技术与产业现状

国外管道安全检测公司大多有 40 年以上的历史，并于 20 世纪 90 年代获得相应国家的检测标准认证。目前，国外公司有德国 ROSEN，美国 GE PII、Tuboscope，英国 British Gas 等公司，它们已成为可以向全球提供检测服务的世界知名公司。

国外管道检测公司通过自行研发生产管道检测装备、提供检测服务和进行管道评估服务占领全球管道检测市场。其中，管道检测装备根据待测件不同、环境不同、功能不同、精度要求不同而组合应用不同的检测技术，主要包括漏磁检测技术、涡流检测技术、超声检测技术、高分辨率三维数据融合技术、轴向裂纹检测技术、主动速度控制技术、变形技术、XYZ 绘图技术（管道路由定位技术）和交互式专家软件等。国外检测技术能够实现 4～48in（1in＝2.54cm）钢管、缺陷检测精度达到 10％壁厚的高精度检测，大尺寸缺陷检测概率高达 90％，最小尺寸缺陷检测概率为 80％，具有成熟的检测技术实力和系列化检测装备。

我国从 20 世纪 90 年代才开展管道安全管理技术的研究和实践，近年在管道安全检测技术方面开展了大量的研究工作，但与国外相比，总体上还存在较大的差距，特别是在管道安全检测技术及应用方面，我国尚处于起步阶段。在管道安全观念、立法及管理方面有了很大进步，但是在国内管道企业间开展得还不够均衡，行业标准和法律法规还不健全，政府对管道企业的监管力度不够，可以说正处在企业自发推行阶段。

随着现代信息化技术的快速发展和在石油行业中的实际应用，油气管线完整性管理系统建设较为成熟。目前我国陆地石油的完整性管理系统建设较为完善，海油处于建设期间。但在管线安全检测数据利用方面，主要停留在数据录入和粗放式、宏观风险分析。由于该系统常由管线管理部门管理和使用，对管线精细化的安全检测分析评估直接需求较少。

1.5.1 国外管道内检测技术与产业现状

1）ROSEN 公司

德国 ROSEN 公司是所有完整性领域尖端解决方案的全球供应商。ROSEN 公司为全球快速增长的市场制定标准。ROSEN 公司已经成为技术方面的领导者。ROSEN 公司正利用这个有利地位，凭借公司的经验和技术，建立在其他行业的领先地位。

ROSEN 公司的典型产品和服务涵盖了 3～56in 管道的清管、变形、漏磁内检测、速度控制等双向型、组合型全套管道内检测，成为我国当前的主流检测服务厂商之一，在管道内检测行业属于国际一流，是内检测技术的引领者。

2）GE PII 公司

GE PII 公司的前身是英国最大的管道公司（BG，英国燃气）下属的一家完整性管理的专业公司，在 1977 年开发了世界上第一台高分辨率漏磁检测器；1978 年成立检测中心，检测 BG 公司内部 2 万 km 的管道；1981 年检测业务拓展到其他公司管道；1997 年被英国 Mercury Private Equity 财团从 BG 公司收购，独立发展，为全球范围客户提供检测服务；1999 年，GE PII 收购德国以超声波内检测业务为主的 Pipetronix 公司，同时收购加拿大小口径内检测公司 Positive Projects，监测范围扩展为漏磁、超声波、3～56in 全尺寸内检测；2002 年，被通用电气公司收购；2002～2007 年，GE PII 公司为 50 多个国家的 70 多个客户提供 300 多个管道完整性服务项目，为客户带来直接经济效益达 11 亿美元。GE PII 已经为超过 50 万

km 的管道进行内检测,每年运行 1500 多次内检测,成绩的取得是因为自身技术的过硬以及技术的不断进步。GE PII 在全球有 9 个检测中心,1000 多名员工,并每年投入 2000 万美元用于新技术的开发,不断更新检测技术,为客户解决新的难题。

GE PII 管道解决方案公司是由 GE 油气公司与卡塔尔 Al Shaheen 公司联合投资成立的,它把先进的检测技术、完整性工程专业技术和软件产品,以及丰富的现场经验以一种独特的方式组合起来,丰富的现场经验对于提供管道当前及未来情况可信、可靠的评估至关重要。

西南油气田重庆气矿沙卧线达福段自 1987 年投产之后,发生爆管事故 30 多次,被迫采取限压运行措施。1999 年之后,GE PII 公司对该管线进行了漏磁检测,84.4km 的管线共检测出 3643 处腐蚀点,经开挖验证,腐蚀点位置准确率达100%,腐蚀程度准确率达 89.3%,进行局部修复后,管道工作压力由原来的5.04MPa 提高到接近设计工作压力 6.20MPa。修复后,该管线运行到 2007 年,再也没发生过泄漏事故。GE PII 公司和墨西哥国家石油公司合作,当时该公司有1934km 共 25 条管线的管网需要全部换管或大量修复,但预算有限,GE PII 经过风险评估、内检测规划、完整性评价、腐蚀控制、制订修复计划、管道修复等一系列工作,将该公司 25 条管道恢复到设计水平,节约修复成本 1200 万美元(30% 预算),缩短了 50% 的修复时间。

目前,GE PII 公司的典型产品和服务涵盖了 6~56in 管道的清管、变形、漏磁内检测、超声内检测、速度控制等全套管道内检测,成为我国当前的主流检测服务厂商之一。GE PII 公司在管道内检测行业属于国际一流,是内检测技术的引领者。

3) TDW 公司

逖帝威廉森(TDW)公司是全球最著名的管道设备及服务供应商之一,其为陆地和近海的管道系统提供安全的完整性解决方案:提供管道带压开孔和封堵、管道清洗、几何结构与漏磁检测、清管和非系缆式封堵清管等技术服务。TDW 公司的工程师已经为全球各地的管道运营商研发了一些非常有效可靠的技术。

TDW 公司的特色产品为螺旋漏磁内检测技术,解决了组合漏磁内检测的相关问题。其典型产品和服务涵盖了清管、变形、漏磁内检测、速度控制等全套管道内检测,是我国管道内检测常用服务厂商之一,部分技术代表国际领先水平。

4) Baker Hughes 公司

Baker Hughes 公司是一家全球顶级的油田服务公司,有着百年的历史,为油气运营商充分开发油气资源提供解决方案。公司现有 60000 名员工,分布在 80 多个国家和地区。公司在发展过程中通过一系列的收购兼并,不断改进其管道完整性服务能力。

2003 年 5 月 27 日，Baker Hughes 公司收购了柱石管道检测集团公司（CPIG），作为 Baker Hughes 管道管理集团（PMG）的一部分。CPIG 公司可提供在线检测服务，以评估管道完整性。CPIG 公司的智能 PIG 检测解决方案包括提供高分辨率漏磁检测设备。

2010 年 4 月 28 日，Baker Hughes 公司以 55 亿美元股票和现金收购了 BJ 服务公司（BJ Services）。BJ 服务公司是一家全球领先的压力泵和油田服务供应商，其油田服务包括管道检测。

2012 年 2 月 7 日，Baker Hughes 公司收购了 Intratech 在线检测服务有限公司的资产和周向/横向场（TFI）漏磁检测技术，从而扩大了其管道检测服务。现在，周向漏磁检测技术补充了 Baker Hughes 公司的管道完整性的产品线，包括机械损伤、金属缺陷、裂缝、弯曲应变、地理空间位置和腐蚀检测解决方案。

如今，Baker Hughes 公司是管道检测技术的行业领先者和创新者，特别是在研发高一致性、高分辨率、三轴、惯性和速度控制型漏磁技术方面。该公司服务在国内也有应用。

5）其他国外公司

其他国外公司在国内的市场占有率较低，部分公司列于表 1-1 中。

表 1-1　其他国外公司

序号	名称	国家
1	Pure Technologies	加拿大
2	LIN SCAN	阿联酋
3	NDT Systems Private Limited	德国
4	Weatherford（NGKS）	美国
5	3P Services	德国
6	Applus＋RTD	荷兰

1.5.2　国内管道内检测技术与产业现状

国内目前仍然处于国际服务为主流的被动局面，我国对管道检测技术领域的探索开始于 2000 年，部分检测公司是中国石油天然气集团公司（以下简称中石油）、中国石油化工集团公司（以下简称中石化）的下属公司，通过与国外检测公司合作开发检测产品。中油管道检测技术有限责任公司已获得我国管道检测标准认证，已占领中石油、中石化在国内和中东等地区的部分陆地管道检测市场。

国内检测技术能够实现 12～48in 钢管的陆地管道轴向漏磁检测，在周向磁化、高清漏磁检测、多维漏磁检测和内外缺陷一体化检测等前沿方向性技术的应用尚不成熟，完备的管道检测系列化装备能力不足，仅中石油管道检测技术有限责任公司具有一定的装备能力。

国内海底管道检测系列化装备的配套厂家——航天科工集团第三十五研究所作为海底管道漏磁内检测器开发单位,已经掌握了 8in 海底管道漏磁内检测技术,相关核心技术可向不同口径、不同检测需求的管道漏磁内检测器扩展应用,其中高耐压水密技术、IDOD 技术等具有较为明显的技术优势,管道漏磁内检测技术基础较为扎实。航天科工集团第三十五研究所与中海油能源发展装备技术有限公司联合,目前已可提供完善的海底管道内外检测服务,并致力于陆地管道检测市场拓展。

1) 中油管道检测技术有限责任公司

中石油管道局的中油管道检测技术有限责任公司是以管道智能检测以及相关业务为主营业务的专业化技术服务公司,为英国清管产品及服务协会(PPSA)和美国腐蚀工程师协会(NACE)会员单位。2001 年被国家安全生产监督管理局指定为开展石油天然气管道检测检验工作的单位,2007 年通过国家质检总局长输管道检验检测机构资格的审核。

经过十几年国内外管道技术服务经验的积累,公司目前拥有国际先进的高清晰度系列化检测设备、具有自主研发能力的研究发展中心和检测数据分析中心及管道智能检测器测试中心。各类专业技术人员占职工总人数的 80%,年管道检测能力 10000km,管道外防腐层检测能力 8000km,储油罐检测 500 万 m³。迄今已承揽了全国绝大部分的输油气管道检测工程,并进入了苏丹、利比亚、叙利亚、哈萨克斯坦、印度等海外检测服务领域,累计检测国内外油气管道近 60000km。

其在中石油的大力投入下,与国际公司合作开发、引进技术,与国内有相关研究的高校合作,研发了多套检测设备。2003 年与英国 AT 公司合作开发了 Φ1016 高清晰度管道漏磁检测器,后期与 GE PII 公司合作,具有多口径管道内检测装备,能够独立提供管道内检测服务。目前主要市场为大口径陆地管道市场,当前正处于市场开拓期。

2) 航天科工集团第三十五研究所与中海油能源发展装备技术有限公司

两家企业合作开发的产品经历了原理样机、工程样机两大阶段,先后完成了大量测试试验,充分验证了产品的性能,尤其是工程样机于 2015 年上半年在中海油完成了各类转弯半径、不同缺陷管道、不同介质流速等近百次的牵拉、环路试验。2015 年 5 月上旬在渤海湾完成了第一次真实海底管道试验,此次试验结果与国外顶尖漏磁内检测器的检测结果进行"背靠背"考核对比。从结果来看,该漏磁检测器的检测结果达到了该国外顶尖产品的水平。

2015 年 10 月上旬在中海油渤海油田圆满完成海底管道检测试验,取得了完整有效的数据,检测器性能参数达到国际同类产品的先进水平。此次试验结果与国外某领先公司检测结果进行"背对背"考核对比,试验成功并打破国外垄断的新闻在多家媒体进行报道。

目前,两家企业合作的产品处于技术成熟到产业化的转化状态,具备系列化产品设计定制、数据分析软件和数据库定制、产品服务条件。

参 考 文 献

[1] 中国海洋石油有限公司.完整性管理高效运营海底管道.中国石油企业,2015,05:101-105.

第2章 漏磁内检测技术原理与核心技术概况

2.1 磁场及漏磁内检测原理

漏磁内检测是利用金属管材在外加磁化磁场作用下表现出来的磁学性质,来检测金属管道缺陷情况的方法,因此漏磁内检测的原理与磁场的基本特性,以及金属材料的磁学特性有重要的关系。本节首先介绍磁场的基本特性和金属材料的磁学特性,在此基础上介绍漏磁内检测的基本原理。

2.1.1 磁场

磁铁吸引铁材料是一种常见的磁学现象。磁铁的这种能够吸引铁(或钴、镍)材料的性质称为磁性,具有磁性的物体称为磁体,能够长期保持磁性的物体称为永磁体。磁铁的各部分的磁性强弱不同,以条形磁铁为例,靠近磁铁两端、磁性较强的区域称为磁极。若果将条形磁铁的中心用线悬挂起来,使其能够在水平面内自由转动,则两端磁极分别指向南北方向,指向北的一端为北极或 N 极;指向南的一端称为南极或 S 极。

两个磁铁靠近时,同性磁极之间相互排斥,异性磁极之间相互吸引。磁极之间相互排斥和吸引的力称为磁力。磁场就是具有磁力作用的空间,磁体之间的相互作用通过磁场来实现。磁场的强弱用磁感应强度表示,一般记为 B,单位是 T,它是一个矢量,既有大小又有方向。为了形象地表示磁场的大小、方向的分布情况,用假想的磁力线来反映磁场中各处的磁场感应强度和方向。磁力线上,每点的切线方向代表该点的磁场方向,单位面积内的磁力线数目与磁感应强度的大小成正比。条形磁铁的磁力线分布如图 2-1 所示。

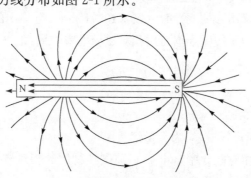

图 2-1 条形磁铁的磁力线分布

磁力线具有以下特性[1]：

（1）磁力线是具有方向的闭合曲线。在磁体内，磁力线是由 S 极到 N 极；在磁体外，磁力线是由 N 极出发，穿过空气进入 S 极的闭合曲线。

（2）磁力线互不相交。

（3）磁力线可描述磁场的大小和方向。

（4）磁力线沿磁阻最小路径通过，而物质的磁阻与其磁学特性有关。

穿过某一截面的磁力线的总条数称为磁通量，简称磁通。磁通所经过的路径称为磁路。

2.1.2　材料的磁学特性

1. 物质的磁性

如果在磁场中放入一种物质，无论什么物质会使物质所占空间的磁场发生变化，即物质在磁场中受到磁场的作用表现出磁性，这种现象称为磁化。根据物质磁化后对磁场的影响，可以把物质分为三类，使磁场减弱的物质称为抗磁性物质，如铜、银；使磁场略有增强的物质称为顺磁性物质，如铝；使磁场强烈增加的物质称为铁磁性物质，如铁、钴、镍。

2. 磁导率

设物质被磁化后的总磁场强度为 $\boldsymbol{B}$（磁感应强度），原磁化磁场强度为 $\boldsymbol{H}$，它们满足如下关系：

$$\boldsymbol{B}=\mu\boldsymbol{H} \tag{2.1}$$

或

$$\mu=\frac{\boldsymbol{B}}{\boldsymbol{H}} \tag{2.2}$$

式中，μ 为物质的磁导率，单位是 H/m。

真空中的磁导率用 μ_0 表示，$\mu_0=4\pi\times10^{-7}\,\mathrm{H/m}$。空气中的磁导率，近似真空中的磁导率。其他物质的磁导率可用相对磁导率来表示：

$$\mu=\mu_r\mu_0 \tag{2.3}$$

或

$$\mu_r=\mu/\mu_0 \tag{2.4}$$

式中，μ_r 为物质的相对磁导率，为无量纲量。

抗磁性物质的相对磁导率略小于 1，顺磁性物质的相对磁导率略大于 1，铁磁性材料的相对磁导率远大于 1。

3. 磁阻

由磁导率为 μ 的物质形成的截面积为 S、长度为 l 的磁路的磁阻 R_m 为

$$R_m = \frac{l}{\mu S} \tag{2.5}$$

可见物质的磁导率与其磁阻成反比,其他条件相同的情况下,磁导率越大,磁阻越小。磁力线总是沿磁阻最小路径通过。

4. 铁磁性材料的磁化特性

漏磁内检测的对象是铁磁性金属管材。铁磁性材料从完全没有磁性开始磁化的 $B\text{-}H$ 曲线如图 2-2 所示,称为初始磁化曲线,有如下特点[2]:磁化前铁磁性材料为磁中性,即 $H=0$, $B=0$;当磁化场 H 逐渐增加时,B 随之增加,开始 B 上升得比较缓慢,如图 2-2 中的 Oa 段所示;然后 B 经历一段急剧上升的过程,如图 2-2 中的 ab 段所示;又进入缓慢上升阶段,如图 2-2 中的 bQ 段所示;Q 点以后,H 再继续增加,B 却几乎不变,这时铁磁性材料已达到磁化饱和。

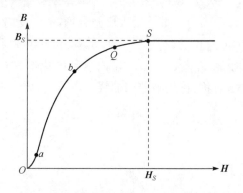

图 2-2　铁磁性材料 $B\text{-}H$ 曲线

铁磁性材料初始磁化的 B 与 H 为非线性关系,这种情况下仍可以按式(2.2)来计算其磁导率。此时铁磁性材料的磁导率 μ 不是常数,而是 H 的函数,在 $B\text{-}H$ 曲线任意一点连接原点 O 的直线的斜率,代表该磁化状态下的磁导率 μ,如图 2-3 所示,$H=0$ 时的磁导率 μ_i 为初始磁导率,随着 H 的增大,μ 迅速增大;直到达到最大值 μ_m,此时铁磁性材料被强烈磁化;之后随着 H 的增大,B 的增加速度变慢,μ 逐渐下降;直到铁磁性材料逐渐进入饱和区,B 几乎不再增加。

当铁磁性材料被磁化饱和后(S 点),外加磁场从 H_S 开始逐渐减小,B 也开始减小,但是 B 并不沿着初始磁化曲线减小,而是沿着另一条曲线 SR 缓慢下降,如图 2-4 所示。在同样的磁场强度下,退磁时的磁感应强度比初始磁化时的磁感应

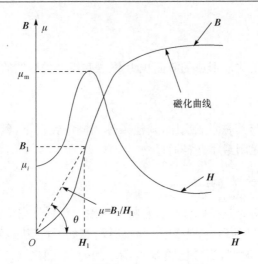

图 2-3　铁磁性材料磁导率曲线

强度大,这种现象称为磁滞。由于磁滞的存在,当 $H=0$ 时 B 并不等于 0(R 点),而是保持一定的值 B_R,B_R 称为剩磁。为了消除剩磁,必须加一反向磁场 H_C,B 才能降到零(C 点),H_C 称为矫顽力。继续增大反向磁场,B 也反向,当反向磁场增大到 $-H_S$ 时,材料达到反向饱和磁化点 S'。在 S' 点,再次在进行反向退磁,将沿着 $S'C'$ 退磁,当 H 继续增大时,将沿着 $C'S$ 正向达到磁化饱和点 S。曲线 $SRCS'$ 与 $S'R'C'S$ 相对于原点 O 对称,称为磁滞回曲线。

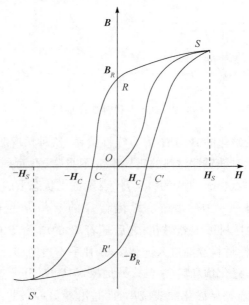

图 2-4　铁磁性材料磁滞回线

2.1.3 漏磁内检测原理

漏磁内检测原理是建立在铁磁性材料高磁导率和磁导率的非线性基础之上。管道缺陷漏磁内检测原理如图 2-5 所示，金属管壁被外加强磁场饱和磁化，若金属管壁无缺陷，材料均匀、连续，由于金属管壁铁磁性材料的磁导率远大于管壁周围的空气的磁导率，因此金属管壁的磁阻相对很小，磁力线大部分被约束在金属管壁中，少量磁力线泄露到管壁周围的空气中；若金属管壁有缺陷，则缺陷处的磁导率减小、磁阻增大，使缺陷处的磁力线重新分布，部分磁力线泄露到管壁周围的空气中，形成漏磁场[3]。用磁传感器检测缺陷处空气中的漏磁场，从而获得管壁缺陷的情况。

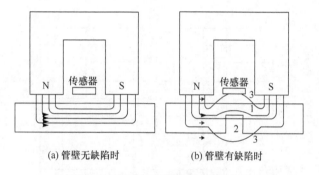

(a) 管壁无缺陷时   (b) 管壁有缺陷时

图 2-5 管道缺陷漏磁内检测原理

1-管壁；2-缺陷；3-漏磁场

以金属管壁的磁化曲线和磁导率曲线来说明漏磁场的形成原理，如图 2-6 所示。无缺陷时金属管壁被饱和磁化，对应磁化曲线上的 P 点和磁导率曲线的 Q 点。若金属管壁有缺陷，则剩余金属材料截面积减小。假设原有完整管壁内通过的磁力线仍从剩余管壁内穿过，则剩余金属管壁内的磁感应强度增大，对应 P 点

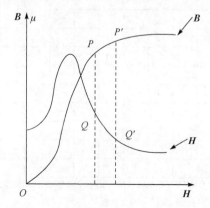

图 2-6 金属管壁的磁化和磁导率曲线

移动到 P' 点，P' 点对应的磁导率曲线上的 Q' 点的磁导率减小。缺陷处金属管壁的磁导率减小、截面积减小，根据式(2.5)可知缺陷磁阻反而增大，根据磁力线的特点，缺陷处的磁力需要重新分布，部分磁力线泄露到管壁周围的空气中，形成漏磁场。

　　由于管道中裂纹、锈蚀、磨损等缺陷是空间的三维函数，这些缺陷产生的漏磁场也是三维空间磁场。由于管道漏磁内检测器采用轴向管壁磁化方式，产品磁路中通过管壁的磁场主要能量方向为轴向，管壁缺陷漏场轴向分量 B_x 的磁场相对较大；径向分量 B_y 相对较弱；周向分量由于缺陷而产生磁力线避让形成 B_z，相对十分微弱，与轴向分量相差近 10 个数量级。这也与试验结果相符合，如图 2-7～图 2-9 所示。

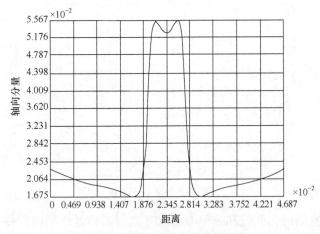

图 2-7　管壁缺陷轴向分量漏磁场

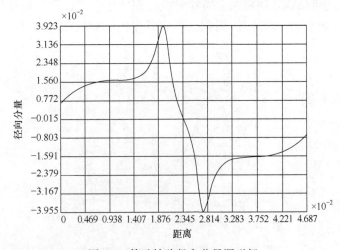

图 2-8　管壁缺陷径向分量漏磁场

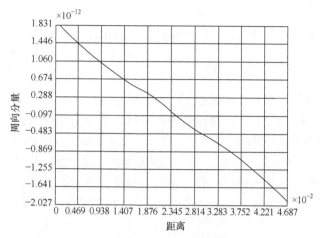

图 2-9　管壁缺陷周向分量漏磁场

许多研究已表明,缺陷宽度一定时,漏磁信号的峰值大小与缺陷的深浅近似呈线性关系,而当缺陷深度一定时缺陷宽度与漏磁信号径向的峰峰值之间的距离也表现一定的线性关系。因此,用集成霍尔传感器定量检测缺陷漏磁场信号,综合考虑缺陷深度和缺陷宽度对缺陷漏磁感应强度峰值和峰值间宽度的影响,对缺陷进行定量评价是可行的。

2.2　漏磁内检测特点及核心技术概况

漏磁内检测技术与其他管道内检测器技术一样,具有优势的同时也存在一定的局限性。管道漏磁内检测器是漏磁内检测核心技术的载体。漏磁内检测的核心技术与漏磁内检测技术特点以及漏磁内检测器本身密切相关。本节首先介绍漏磁内检测技术的特点及漏磁内检测器,然后分别介绍漏磁内检测核心技术的概况。

2.2.1　漏磁内检测技术特点及漏磁内检测器

1. 漏磁内检测的技术优点

漏磁内检测技术是目前应用最广泛的管道缺陷检测技术,相对于其他内检测技术,如超声内检测技术、涡流内检测技术等,其具有如下优点:

(1)结构简单、信号处理容易、易于集成。漏磁内检测一般以永磁体对管壁磁化,无需磁化激励电流;采用集成磁传感器检测漏磁信号,并不需要过多的信号处理。而一般超声内检测和涡流内检测均需要激励电流和复杂的信号处理电路。

(2)对管道内壁的清洁度要求低、不受管内介质的影响。超声内检测和涡流内检测对管道内壁的清洁度要求较高,并且超声内检测只能检测液体管道;漏磁内检测对管道内壁的清洁度要求不高,既可以检测液体管道,也可以检测气体管道。

(3)检测速度快、效率高、可检测缺陷类型多。漏磁内检测可以检测内表面、外表面以及管壁内部的缺陷,并且检测速度快、效率高。

2. 漏磁内检测技术的局限性

漏磁内检测技术也有其局限性,主要表现如下:

(1)漏磁内检测技术只能检测铁磁性管材。受检测原理的限制,漏磁内检测只能检测铁磁性管材,对于非铁磁性管材和非金属管材则无法检测。

(2)检测灵敏度较低、对缺陷的方向性敏感。漏磁内检测只能检测体积型缺陷,缺陷的长度、宽度和深度需达到一定尺寸以上时才能检测;对与磁化磁力线正交的体积型缺陷检测的灵敏度较高,与磁化磁力线平行的细长裂纹和窄缺陷检测灵敏度较低。

(3)缺陷参数量化精度较低。相对于超声内检测和涡流内检测,目前漏磁内检测的漏磁信号与缺陷的形状参数还没有可靠的数学关系,尤其是在缺陷深度量化以及缺陷在管壁内外位置区分方面,缺陷参数量化精度较低。

尽管漏磁内检测技术存在一定的局限性,但不影响其在管道检测方面的应用,它仍是目前应用最广、检测效果最好的管道腐蚀缺陷检测手段。

3. 漏磁内检测器

利用管道漏磁内检测原理制造的管道内检测装置称为管道漏磁内检测器(pipeline inspection gauge,PIG),漏磁内检测器是漏磁内检测技术的载体。目前,国内外已制造出了各种各样、各种规格的管道漏磁内检测器,其基本结构形式大体相似。图 2-10 给出了典型的管道漏磁内检测器示意图[4],其由漏磁检测节、电子包节和电池节组成,各节直接通过万向节连接,通过皮碗支撑到管道中心位置并将管道介质的压力转换为动力在管道内运行。漏磁测量节由磁化器和磁传感器等部分组成,实现对管壁的饱和磁化以及缺陷漏磁场信号检测;电子包节对漏磁检测信号进行处理和存储;电池节为管道漏磁内检测器电气系统提供供电电源;此外,里程轮和姿态定位装置对管道漏磁内检测器运行距离和自身旋转信息进行测量和记录。

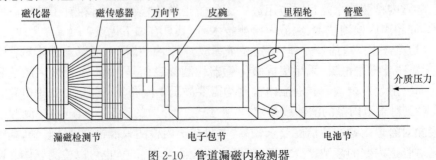

图 2-10　管道漏磁内检测器

2.2.2　漏磁内检测核心技术概况

根据漏磁内检测原理和管道漏磁内检测器结构,漏磁内检测的核心技术可分为以下几个方面:

(1) 管道漏磁内检测器总体设计技术。管道漏磁内检测器是一个复杂的机械、电气装置,涉及磁学、力学、机械、电子等各方面的技术,因此管道漏磁内检测器总体设计是一项核心技术。

(2) 磁路设计、优化与仿真技术。漏磁检测节是管道漏磁内检测器的核心节,实际上,磁化器与管壁共同构成了漏磁检测磁化系统,磁化磁力线在磁化器和管壁中形成磁路,磁路的设计不仅与磁化器有关还和管壁有关,一般通过不断设计、优化和仿真以及试验来确定,因此磁路的设计、优化和仿真是一项核心技术。

(3) 磁传感器阵列、内外壁缺陷区分技术。为了实现管道缺陷检测的高分辨率和更高精度,一般采用磁传感器阵列的方式对缺陷漏磁场信号进行检测。另外,仅靠漏磁场信号本身不易区分缺陷在管道内外壁的位置,因此磁传感器阵列、内外壁缺陷区分是一项核心技术。

(4) 数据处理技术。管道漏磁内检测器本身只能对漏磁场检测数据进行实时存储,需要在实时管道漏磁内检测后,读取检测数据进行分析处理,量化管道缺陷参数,因此检测数据处理是一项核心技术。

1. 总体设计技术

目前,漏磁内检测技术已经经历了三代,第一代是普通检测器,第二代是分辨率检测器,第三代是超高分辨率检测器。随着技术的发展,管道漏磁内检测器的体积不断缩小,技术含量不断提高,检测效率、精度和可靠性越来越高,功能越来越丰富。目前,常规管道漏磁内检测器的规格覆盖了 3～48in 的各种规格油气运输管道,一次检测距离能达到数百千米,工作时间达数百小时,最大可检测壁厚能达到25～30mm,通过管道缩径能力达到 15%～20%,最小通过管道弯头能力为 1.5D,最高检测速度能达到 5m/s,介质压力为 15～25MPa。

除了面向常规管道腐蚀缺陷检测的常规形式产品,目前还有如下针对特殊管道的管道漏磁内检测器:

(1) 高通过性管道漏磁内检测器。通过性是管道漏磁内检测器的最重要指标之一,主要体现在管道缩径和弯头等容易卡堵处的通过性。图 2-11 为 ROSEN 公司的可适用于多种管径的管道漏磁内检测器产品,可适应管道缩径变化可达55%,并且可以通过 1.5D 的最小弯头和 Y 形分叉管道。

(2) 带主动速度控制的管道漏磁内检测器。常规管道漏磁内检测器的运行速度与管道介质流速相同。一般速度为 1～3m/s 时漏磁检测的效果最好,速度过高

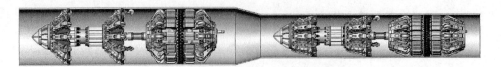

图 2-11　多管径漏磁内检测器(ROSEN)

对漏磁检测的信号质量、数据处理能力和运行稳定性都是挑战。但是在某些高压输气管道,介质流速超过 10m/s,常规漏磁内检测器无法适应。图 2-12 为 TDW 公司的带主动速度控制的管道漏磁内检测器,通过控制检测器上的旁通开合度来控制调节检测器的运行速度到预期范围内,而不影响介质本身流速。

图 2-12　主动速度控制的管道漏磁内检测器(TDW)

（3）模块化、组合化。为了弥补漏磁内检测的局限性,以满足用户不同的检测需求,将漏磁内检测与其他内检测方法或检测功能(如超声、涡流、管道变形、管道三维轨迹测绘等)组合进行一次性检测。不同检测方法模块化,自由组合。

2. 磁路设计、优化与仿真技术

磁路是漏磁检测的关键,磁路不仅与磁化器有关,还与管壁有关,涉及的参数较多,缺少定量的数学计算公式,一般通过仿真方法确定,然后通过试验验证。目前,磁路仿真一般通过有限元方法进行仿真,仿真方法也有二维仿真和三维仿真,三维仿真更接近实际,精度更高。图 2-13 为轴向三维磁路有限元仿真。

目前,传统轴向磁化器较为成熟,磁化器类型一般有钢刷式和铁辊式两种,如图 2-14 所示。钢刷式磁化器一般用于大口径管道,铁辊式磁化器一般用于小口径管道。两种磁化器都能实现对管壁的饱和磁化。

轴向磁化器对管道上的周向缺陷更敏感,对轴向尤其是轴向狭长的缺陷很不敏感,甚至无法检测出来;周向磁化器刚好与轴向磁化器相反,对轴向缺陷更敏感,对于周向缺陷或裂纹极不敏感。轴向、周向磁化及对缺陷方向的敏感性示意如图 2-15 所示。

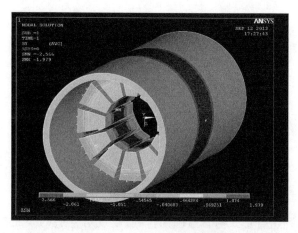

图 2-13　三维磁路有限元仿真

(a) 钢刷式磁化器

(b) 铁辊式磁化器

图 2-14　轴向磁化器形式

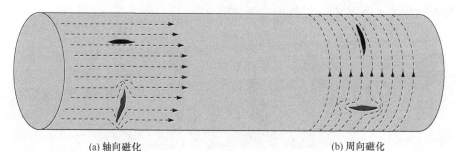

(a) 轴向磁化　　　　　　　　　　　　　　(b) 周向磁化

图 2-15　磁化方向及对缺陷方向的敏感性

　　螺旋磁化器则是将轴向磁化器和周向磁化器的优点结合,对轴向和周向缺陷均敏感,但是检测灵敏度相对均有所降低,图 2-16 为 TDW 公司的螺旋磁化器。

3. 磁传感器阵列和内外缺陷区分技术

1) 磁传感器阵列技术

磁传感器阵列是实现管道缺陷漏磁场信号转换为电信号的关键,一般多个磁

图 2-16　螺旋磁化器(TDW)

传感器以特定阵列组合形式沿管道圆周排列,实现对管道的全面扫描检测。为了提高管道缺陷的检测分辨率,通过增加磁传感器数目、减小沿管道周向分布距离和记录采样间隔,实现对缺陷漏磁信号的高分辨率采集。

磁传感器一般采用霍尔传感器,相对于其他磁传感器,霍尔传感器体积小、集成度高,适合组成高密度传感器阵列。另外,霍尔传感器技术成熟,稳定性和温度特性较好,目前大部分管道漏磁内检测器都采用霍尔传感器组成传感器阵列。

漏磁内检测磁传感器敏感方向一般以平行于磁化方向为主,但漏磁场信号是矢量,有相互正交的 3 个分量,如图 2-17 所示。三轴漏磁检测技术是近年来发展起来的技术,通过增加正交于磁化方向的另外两个磁场的分量信息来提高缺陷的尺寸,尤其是深度尺寸的量化精度,但这种技术传感器数目、数据处理能力都是传统漏磁检测的 3 倍,对机械结构和电气要求较高。

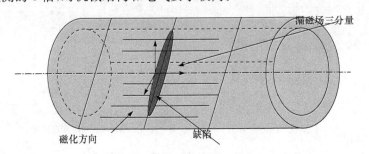

图 2-17　漏磁场信号三分量

2) 内外缺陷区分技术

本书所说的内外缺陷一般指区分管道内壁缺陷和非内壁缺陷。一般单靠漏磁信号不易区分缺陷在管道内外壁位置,而缺陷内外壁位置区分又是缺陷精确量化的基础和用户关心的参数,因此在漏磁内检测的基础上又发展出了内外缺陷区分技术。该项技术主流技术有两种实现方式,都是靠检测管道内壁缺陷,并与漏磁检测信息结合,实现缺陷内外壁位置区分。

(1)涡流检测法。涡流检测对管道内表面的缺陷敏感而对管道外壁的缺陷不敏感,因此利用涡流检测只能检测内壁缺陷,结合漏磁检测信息,实现缺陷的内壁和非内壁位置区分。

(2)剩磁检测法。由于金属材料的磁滞效应,漏磁检测后管壁还有剩磁,管壁带有磁性,磁力线从管壁散布到周围的空气中。缺陷处管壁形状异常,导致散布到空气中的磁力线存在异常。由于剩磁场较弱,因此外壁缺陷处的磁场畸变无法透过管壁传到管道内。所以在漏磁检测节后增加一节额外的剩磁检测节,对管道剩磁场信号进行检测,根据剩磁异常情况区分管道内壁缺陷,结合漏磁检测信息,实现缺陷的内壁和非内壁位置区分。剩磁检测法必须在漏磁检测节之后再加一节剩磁检测节。

4. 数据处理技术

数据处理是得到漏磁内检测结果的重要环节,由漏磁内检测数据分析出缺陷的尺寸、类型、位置等参数,报告给用户。目前漏磁内检测数据处理还没有100%可靠的有效方法,数据处理检测概率一般为90%,精测精度一般以80%为置信度。各大管道漏磁内检测服务提供商,针对不同的漏磁内检测器,均有自己的数据处理方法,如某 GE PII 公司的超高分辨率漏磁检测数据分析精度如下:缺陷深度检测精度为8%的管道壁厚,长度检测精度为腐蚀点型缺陷±4mm、大面积型腐蚀缺陷±7mm,宽度检测精度为±12mm,检测置信度为80%。

参 考 文 献

[1] 宋志哲. 磁粉检测. 北京:中国劳动社会保障出版社,2007.
[2] 任吉林,林俊明. 电磁无损检测. 北京:科学出版社,2008.
[3] 黄松岭. 油气管道缺陷漏磁内检测理论与应用. 北京:机械工业出版社,2013.
[4] 杨理践. 管道漏磁在线检测技术. 沈阳工业大学学报,2005,27(05):522-525.

第 3 章　海底管道漏磁内检测总体技术与可靠性设计

3.1　海底管道漏磁内检测器总体技术

海底管道漏磁内检测器以其所运行管道内的油气压力差为运行动力,实现对海底管道缺陷的遍历检测。它对金属管道进行饱和磁化,利用高精度漏磁检测技术对管道腐蚀缺陷等漏磁场进行检测(漏磁场与腐蚀缺陷尺寸直接关系),并对漏磁场解析来定量化评估管道腐蚀缺陷的尺寸和位置,综合管道信息进行管道泄漏预警、寿命预估和安全警示,用于管道的定期安全检测和维护,确定管道的腐蚀程度和寿命,提供有针对性的管道检修或停运的定量化信息支持。其主要由结构、漏磁检测、数据记录、姿态检测、里程记录、电源和数据分析软件等七大分系统组成。图 3-1 为航天科工集团第三十五研究所与中海油能源发展装备技术有限公司联合研发的 8in 海底管道漏磁内检测器。

图 3-1　8in 海底管道漏磁内检测器

(1) 数据记录分系统,实现产品所有分系统信号输入、实时采集、处理和大容量存储,为整个海底管道漏磁内检测器的计算中心。

(2) 里程检测分系统,主要由里程轮和编码器组成,实现距离采样。

(3) 姿态检测分系统,采集产品在管道内的姿态信息,作为后续管道缺陷位置判断、缺陷类型分析的依据,获取管道三维轨迹信息,为管道路由探测作为依据。

(4) 漏磁检测分系统,主要由磁化装置、传感器阵列等组成,实现对产品当前所处的管道管壁饱和磁化,获取此处管壁缺陷的漏磁场信号。

(5) 电源分系统,实现为整个系统供电。

(6) 结构系统,主要包含各密封结构、磁路浮动结构、里程轮及其支撑结构、编码器密封结构、防撞结构、动力及径向支撑结构和万向节等连接结构,实现利用管道内油气压力转换为系统动力,保障整个系统在管道内尽可能匀速运动和系统各检测单元的密封及支撑。

航天科工集团第三十五研究所与中海油能源发展装备技术有限公司联合研发

的 8in 海底管道漏磁内检测器的特点和功能如下。

系统特点：

（1）适用油、气、水多种介质，可在役检测；

（2）1.5D 弯头和 18mm 变径的灵活通过能力；

（3）可靠的机电密封技术，耐压 15MPa；

（4）多维传感器阵列设计实现超高清缺陷检测；

（5）可靠的内外缺陷区分能力；

（6）自动数据分析，快速形成缺陷检测报告；

（7）精细化数据分析，毫米级尺寸量化精度；

（8）组合式电源组，可选择式配备；

（9）航天高可靠设计与验证保障。

系统功能：

（1）长输油气金属管道腐蚀、缺陷检测与量化评估；

（2）精确的缺陷时钟方位、里程位置确定。

主要性能指标如下：

（1）金属管道直径：8in；

（2）检测壁厚：6～16mm；

（3）检测速度：0.3～3m/s；

（4）温度范围：-20～70℃；

（5）检测距离：100km；

（6）采样间距：2mm；

（7）环向位置的精确度：±10°；

（8）缺陷深度检测精度：±10％×壁厚；

（9）缺陷长度检测精度：±10mm；

（10）缺陷宽度检测精度：±12mm。

3.2　海底管道漏磁内检测器装备的可靠性设计

海底管道漏磁内检测器在封闭的海底管道中依靠油气流动的推动沿管道运行，其本身是无动力的，一旦进入被检测管道，便无法进行直接的人为操控。因此，产品的可靠性尤其重要。针对其特殊的使用环境和应用要求，需要开展产品的可靠性设计、分析和验证，保证海底管道漏磁内检测器的可靠性水平及任务成功性满足其使用环境和应用要求。

3.2.1　可靠性要求

根据海底漏磁内检测器规划拟达到的设计性能指标,拟经历的装卸、运输、储存、检测、维修等寿命剖面和在完成规定的海底管道内检测任务的时间内所经历的任务剖面等,确定内检测器的可靠性定性和定量要求,明确内检测器的故障判据。可靠性定性要求包括简化设计、冗余设计、采用成熟技术、环境适应性等。可靠性定量要求包括产品的平均故障间隔时间(mean time between failure,MTBF)、使用寿命等[1]。

3.2.2　可靠性设计原则

海底管道漏磁内检测器在设计研发中应遵循以下可靠性设计原则:依据海底管道漏磁内检测器的使用要求和用户期望,确定设计任务书、技术要求,并以设计任务书、技术要求以及国家、行业和企业相关标准中的可靠性要求进行设计;在满足产品基本功能和性能要求的前提下,把产品可靠性保证作为首要考虑的因素,并与维修性、测试性、安全性、保障性等进行综合权衡分析;优先采用满足使用要求的成熟技术(方法、部件、元器件、电路等),采用新技术必须经过充分试验验证;实施简化设计,结构和电路尽量简单,尽可能减少元器件、零部件和原材料的种类、规格和数量;在进行可靠性分配和采取可靠性措施时,着眼于海底管道漏磁内检测器的系统可靠性,对系统各组成部分的可靠性要求尽可能合理,对薄弱环节采取防护措施;采用系列化、通用化、模块化的设计技术,便于后续系列化产品的扩展、开发、继承和维护;在开展环境分析的基础上进行环境防护设计(包括工作与非工作),确保海底管道漏磁内检测器在全寿命周期内能安全可靠地使用。

3.2.3　可靠性设计与分析要求

海底管道漏磁内检测器的可靠性设计与分析主要包括以下工作:

(1)建立可靠性模型,开展可靠性分配、可靠性预计,故障模式、影响及危害性分析(FMECA),故障树分析(FTA)。

(2)制定可靠性设计准则,基于国内外相关标准、规范和手册、相似产品的可靠性设计准则、使用方可靠性要求等制定海底管道漏磁内检测器的可靠性设计准则,并在产品研制过程中认真贯彻。可靠性设计准则按技术分类分为简化设计,冗余设计,原材料、零部件和元器件的选用,热设计,环境防护设计,抗冲击、振动设计,健壮设计,安装设计,电磁兼容设计,降额设计,容错设计,防差错设计,电路容差设计,故障-安全设计,损伤抑制设计,疲劳设计等。

（3）在 FMECA、FTA 及其他分析结果的基础上，确定并编制可靠性关键产品清单，制定并实施识别、控制关键产品的程序和方法，定期审查控制程序和方法的实施情况及有效性。

（4）进行功能测试、包装、储存、装卸、运输和维修对产品可靠性的影响分析，制定合理的测试、包装、储存、装卸和运输要求。

（5）在产品研制过程中对影响产品可靠性的薄弱环节及时采取改进设计措施，使产品的可靠性得到提高。

3.2.4　可靠性与环境适应性验证

为了激发海底管道漏磁内检测器在设计、材料和工艺等方面存在的缺陷，验证海底管道漏磁内检测器的可靠性及环境适应性水平，需开展一系列可靠性及环境试验。为了验证材料的环境适应性，需开展材料在不同介质下的耐腐蚀性试验、材料的耐磨性试验。为了验证产品承受高温环境的能力，需开展产品高温工作试验。为了验证产品承受力学环境的能力，需开展产品振动试验。为了验证设计、工艺方面的可靠性及环境适应性水平，需要进行应力筛选、密封试验、直管道不同管道特征下的牵拉试验、弯管道不同弯曲半径下的环路试验等。通过一系列可靠性试验，发现设计、材料和工艺等方面的薄弱环节，针对性地进行加强产品可靠性的改进设计。

3.2.5　环境应力筛选

电子产品在生产过程中为了提高产品工作的可靠性需剔除产品由于工艺缺陷或元器件缺陷引起的早期故障，称为环境应力筛选。

筛选项目为温度循环和随机振动。筛选顺序为：随机振动（缺陷剔除）→温度循环（缺陷剔除）→温度循环（无故障检验）→随机振动（无故障检验）。

若在随机振动筛选时出现故障，则应立即停止振动，排除后再重新开始随机振动，控制总的振动时间即可。如果不加振动无法确定故障部位，则可以用低量级的随机振动寻找故障部位。故障修复后转入温度循环。

在温度循环筛选时，如果出现故障，立即中断筛选，排除故障后，对修复部分进行局部检验合格，从该循环的起始点重新继续筛选，先前的温度循环筛选时间计入总的筛选时间，但应扣除中断所在循环内的中断前的筛选时间。

海底漏磁内检测器工程研制过程中的可靠性工作流程见图 3-2[2]。

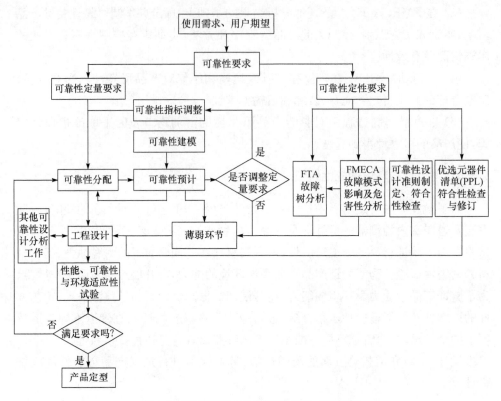

图 3-2　海底漏磁内检测器可靠性工作流程

参 考 文 献

[1] 傅光民,吴麟震. 可靠性管理. 北京:人民邮电出版社,1999.

[2] 曾声奎,赵廷弟,张建国,等. 系统可靠性设计分析教程. 北京:北京航空航天大学出版社,2001.

第4章　海底管道漏磁内检测器的结构设计与实现

4.1　海底管道漏磁内检测器的结构设计

4.1.1　结构设计原则

海底管道漏磁内检测器结构是检测器实现对管道检测最基础的工作平台,它要为磁路的建立、信号的有效采集、能量的提供、姿态和里程的记录、运行的动力等提供可靠的安全环境,确保检测器自身在预定的工作剖面下对工作环境具备优良的适应性,确保不卡堵、不解体,同时保证被检测管道的安全。

结构设计原则是在保证功能、性能、可靠性的前提下,简单、实用、使用便捷、方便维修、易于通用化和系列化、低成本。

4.1.2　结构设计技术指标分析

1. 海底管道漏磁内检测器的长度

海底管道漏磁内检测器的长度分为检测器长度和发射长度。

海底管道漏磁内检测器长度是检测器结构在伸展状态下的最长外形尺寸;发射长度是检测器进入被检管道前所放置的发射舱体(发球筒)的长度,即检测器在进入发射舱体时,长度要能压缩至发球筒允许的长度。

2. 海底管道的直径

海底管道漏磁内检测器拟检测的管道直径决定了检测器本身的直径。由于海底管道的标准口径是外径,同一口径的管道因为壁厚的不同、制造误差、腐蚀、外力作用致变形等因素,同一口径管道的内径可能存在较大差异,因此内检测器设计直径必须考虑这些因素的影响,在直径方向要有一定的管径变化自适应能力,并且具备相应的力学性能,同时需承受在被检测管道中运动时产生的牵拉、扭转、振动等影响。

3. 海底管道的弯管

管道通过弯管连接实现空间路由,被检测管道可能存在不同规格弯管,内检测器要按管道路由通过所有的弯管,因此,内检测器的结构必须具有一定的柔性,能够通过规定的各种规格弯管,从而具备工程应用的可能性。

由于海底管道漏磁内检测器检测时很难沿管道路由安置管外标记器,如果检测器卡滞在管道中,很难确认卡滞的具体位置,而海底管道的维修复杂,不仅仅是得不到完整的检测数据,更重要的是影响被测管道的正常使用,因此内检测器在被检测管道中的通过性是内检测器最重要的设计指标。

4. 海底管道漏磁内检测器的检测速度

海底管道内检测器是无动力设备,对于小尺寸检测器而言,其运行动力依靠被检测管道内的介质运行速度控制。因此内检测器在管道内的运行速度受到介质压力、流速、温度、动力皮碗的尺寸、检测器与管道的摩擦等诸多因素的影响,必须考虑内检测器本身的耐压、密封、热设计以及耐介质腐蚀等要求。

5. 海底管道漏磁内检测器的检测时间和检测范围

内检测器需根据检测时间和检测管道长度范围,进行供电设计、耐磨损设计以及可靠性设计等。

4.1.3 海底管道漏磁内检测器的结构设计方案

1. 整机结构设计方案

1) 整机布局情况

漏磁内检测器产品的结构总体设计是实现漏磁内检测器基本性能和技术指标的最基础的设计工作,它决定了检测器的最重要指标之一:即通过性和可靠性满足使用要求的能力。脱离这个基础,检测器便不具备工程应用的前提。

(1) 系统集成——结构总体设计的根本任务。

漏磁内检测器作为功能复杂的机电一体化设备,包括磁路装置、电源供配、数据存储、里程定位、姿态检测、动力控制、柔性自适应、软件等诸多子系统。所谓系统集成,就是将本来互相孤立、联系松散或不够融洽的若干子系统紧密地耦接起来,整合成为一个崭新的、更加完美的有机整体,从而提升系统的综合性能。

根据系统设计原理,一个系统的功能不仅取决于该系统的构成要素,而且在更大程度上取决于这些要素的构成方式。即使在构成要素不变的情况下,仅通过系统集成也往往能实现整体功能质的飞跃。

漏磁内检测器结构设计,特别是结构总体设计不仅是工艺加工的基本依据,而且是整机性能指标、质量水平和工程应用的基本保证。

(2) 结构总体设计的基本要求。

进行漏磁内检测器结构总体设计时需要考虑以下基本要求:

① 技术指标要求。漏磁内检测器技术指标主要包括通过能力、耐磨能力、自适应能力、检测性能、可靠性与维修性、环境适应能力等。

② 标准化要求。执行和采用国家标准、行业标准和国际先进标准;在结构设计中优先选用通用化、系列化产品和通用模块;优先选用标准件、通用件、通用结构

要素,最大限度地压缩零部件、元器件、原材料的品种规格。

③ 使用环境要求。漏磁内检测器的使用环境要求是通过其使用环境和总体要求逐步分解获得的。一般包括管道最大缩径、最小弯头半径、工作或储存温度范围、工作时间、振动、腐蚀等信息。

④ 结构设计要求。漏磁内检测器作为在特定环境中使用的具有特定功能用途的机电一体化设备,进行结构设计时贯彻人机工程原则,以人为本,追求用简单、美观、最优和精巧的结构设计保证漏磁内检测器全部功能的实现。同时要考虑内检测器的可操作性、工艺性、安全性、可靠性、维修性和环境适应性,为管道检测提供可靠、安全的结构载体。

(3) 8in 海底管道漏磁内检测器结构总体布局实例。

8in 海底管道漏磁内检测器是一种无动力的管道检测机器人,利用通过管道壁缺陷时磁力线泄漏的强弱判断缺陷的大小、深度,并由里程和姿态采集位置信息等。由于海底管道很长且铺设于海底,很难从管道外部获取位置信息,必须由漏磁内检测器在管道内运行时将检测过程数据记录存储下来,待检测器从被测管道中取出后再分析检测数据,确定被测管道管壁的质量情况,判定缺陷所在位置,因此,海底管道漏磁内检测器必须要有缺陷检测功能、数据记录功能。为了确定漏磁检测数据与管道位置的对应关系,必须有里程记录功能。海底管道漏磁内检测器在被测管道内会发生自身旋转和随管道路由转动,需要有姿态记录功能。电源是检测记录功能操作的保障。为了适应管道的弯曲状况,海底管道漏磁内检测器必须具备一定的柔性,通过功能划分形成分系统,由万向节组件连接来实现。海底管道漏磁内检测器本身没有运动的动力,依靠被测管道内的流动介质获得运动的动力。为了保证其在一定速度下运行时不会损坏自身和被测管道,必须有防撞缓冲功能。

根据以上分析,8in 海底管道漏磁内检测器结构在充分分析管径和通过性约束的情况下,主要由以下八部分结构组成,组成情况见图 4-1:

① 漏磁检测分系统结构;

② 数据记录分系统结构;

③ 姿态检测分系统结构;

④ 里程记录系统结构;

⑤ 电源分系统结构;

⑥ 万向组件结构;

⑦ 动力及径向支撑结构;

⑧ 防撞缓冲结构。

Baker Hughes 公司研发的 8in 漏磁检测器如图 4-2 所示。

图 4-1　海底管道漏磁内检测器结构组成示意图

图 4-2　Baker Hughes 公司研发的 8in 漏磁检测器

（4）其他口径管道漏磁内检测器。

8in 海底管道漏磁内检测器结构总体布局反映了漏磁内检测器的基本功能，不同生产商在开发相应口径管道漏磁内检测器时会在结构上进行不同组合、集成和布局，图 4-3 和图 4-4 为 ROSEN 公司研发的漏磁检测器，图 4-5 为 GE 公司研发的漏磁检测器，图 4-6 为 Weatherford 公司研发的组合检测器。

图 4-3　ROSEN 公司 MFL-C 型漏磁检测器

图 4-4　ROSEN 公司某型漏磁检测器

图 4-5　GE 公司某型漏磁检测器

图 4-6　Weatherford 公司某大型检测器

2）整机结构环境适应性

（1）概述。

海底管道内检测器产品在储存、运输和使用中,时刻受到气候、力学、生化、电磁等环境因素的单独或综合影响,从而导致设备性能恶化。环境适应性是产品的重要技术指标之一。

海底管道内检测器产品在使用、运输和储存过程中,可能遇到各种自然和人工

(诱导)环境条件,前者是自然界客观存在的,后者是由设备外部因素引起的,并通过外部因素激励(诱导)设备自身响应的各种影响因素的集合。

海底管道漏磁内检测器结构在开展设计中不可回避的一个问题就是环境适应性问题,必须考虑它在整个寿命期内的各种环境因素的综合影响,在研制、生产、试验、鉴定的各个阶段认真贯彻执行。

环境适应性设计属于环境工程技术科学的一部分,涉及力学、电学、热学、电磁学、材料学、机械制造工艺学等多学科的界面科学;在工程技术上,涉及电气、结构、工艺和综合技术管理等各方面[1]。

漏磁内检测器根据其使用、运输和储存过程中可能遇到的实际环境条件,需要充分考虑漏磁内检测器对温度、盐雾、冲击、振动、辐射等适应的程度。

(2) 内检测器环境适应性设计要点。

高低温环境适应性涉及材料的选择和电气性能的稳定。不同材料随着温度变化都会导致特性的改变,影响产品的力学性能、运动配合等;电子设备都是在一定温度范围才能可靠工作,选择使用的电子器件应该能够在电子设备要求的温度条件下可靠工作;对于功耗比较大的器件,采取必要的散热措施,并借助 Icepak 等热分析工具验证采取的散热措施是否能够保证电子器件长时间稳定工作。

力学环境适应性需要充分计算机械结构的强度、刚度和稳定性是否满足使用需求,尤其是产品在振动、冲击等条件下结构的安全和电气性能稳定,必要时需要借助有限元分析软件进行仿真分析。

自然环境适应性着重解决内检测器在不同介质环境中的适应性,不能因为恶劣的环境条件而产生腐蚀效应进而引起失效。通过设计,采取恰当的防护措施,尽可能地避免环境因素引起的适应性问题。通过对环境因素的综合分析,预测可能发生的危险性后果,对敏感部位采取有效的预防手段。

检测器结构对不同工况管道自适应是着重解决内检测器在复杂管道工况下自身及管道安全性问题。通过理论分析和试验验证内检测器能够适应的最恶劣管道工况,尤其是在理论分析阶段要不断创新,尽可能做到以最小的代价做出最大自适应的机械机构。

3) 漏磁内检测器工业设计

工业设计是以工业产品为对象的造型设计,为工业产品的物质功能赋予精神功能内涵,实现功能与形式的完美统一。

漏磁内检测器工业设计工作以产品整机结构特点和分机之间的协调关系为基础。在满足结构功能的前提下,提升产品的外观质量,并使检测器具有符合其应用领域的特点,同类功能的特征设计,在不同分机上以统一的方式体现,形成整机的整体理念与风格;产品色彩设计,应以彰显设计单位企业文化的色彩为主体,配以代表设计团队特征的配色,用色一般不超过三种。

2. 分机结构设计方案

内检测器整机由各分系统功能节系统集成而成,各分系统均为各自功能独立的装配单元,通过各分系统间的机械及电气接口连接组成整机结构。产品在管道中应用,所以结构主体形式为柱状体,其中,电源分系统、数据记录分系统、姿态分系统要为内部电气提供密闭、承压环境,设计为舱段式圆筒密封结构;漏磁分系统、里程分系统需要实时与管壁贴合,需要设计成柔性浮动结构。结构设计时,需要针对各个独立的分系统独立开展研究工作,各分系统研制阶段主要注意以下问题。

1) 缩径的自适应性

海底管道内部工况十分恶劣,长时间承受海管检测过程中高温、高压、振动、冲击等恶劣环境,且管道壁厚不均,管道内壁凹凸不平,存在缩径、局部焊瘤、焊缝、焊渣、铁粉、油蜡、法兰、三通、阀门等,管道可能会出现 25%D(管道外径)的缩径情况,内检测作业若要得到有效的检测数据,磁路表面必须与管道内壁紧密贴合,且在缩径、焊瘤等障碍处各分系统均能够顺利通过。各分系统设计时需考虑皮碗要压缩量最大,各分系统的等效刚性直径尺寸要小于管道的最大缩径后的管道口径,并严格控制皮碗与舱段刚体间距,即设计合理的长径比,尽量保证皮碗的实际变形量小于其能够安全使用的最大压缩量。对于刚性自适应浮动机构,则要保证其浮动范围大于管道的最大缩径。

2) 路由的自适应

路由即内检测器在检测管道时的运动路径,其中弯管是管路不可或缺的组成部分。内检测器在管道中运行必然遇到弯管,过弯管的能力是衡量检测器适用性的一个最基本的指标,代表了检测器的路由通过性。

通过性设计是检测器研制的关键技术。检测器的所有设计都要围绕通过性指标开展工作。保证检测器良好的通过性,不仅需要从检测器各分系统的结构几何约束、结构运动约束、柔性支撑、柔性连接、自适应浮动等结构技术综合考虑,同时隐含了对电气功能占用空间的限制和约束。

(1) 结构在弯管处的几何约束。

若要使内检测器能够顺利、自如地通过弯管,则检测器各个舱段的几何尺寸与弯头处的几何尺寸必须满足一定的几何关系。设检测器某一分系统舱段直径为 d、长度为 L、弯管内径为 D、弯管曲率半径为 R,管道弯曲角度通常设为 $90°$,如图 4-7(a)所示。此时内检测器的直径 d 可分两种情况进行分析:①内检测器直径小于管径的一半,即 $0<d\leqslant D/2$(D 为管道内径);②内检测器直径大于管径的一半且小于管径,即 $D/2<d<D$。

在第①种情况中,当 $d\neq D/2$ 时,舱段长度应满足 $L\leqslant 2(d+R-D/2)$;当 $d=D/2$ 且曲率半径 $R/D=1.21$ 时,即舱段两端面正好在管道弯曲与直管相切处,舱

段长度 $L=2R$；当 $d=D/2$，且曲率半径 $R/D<1.21$ 时，即舱段两端面正好在管道直管处，舱段长度为 $L\leqslant 2\sqrt{\dfrac{D^2}{2}+(2-\sqrt{2})RD+(1-\sqrt{2})^2R^2}$。

在第②种情况中，舱段长度 $L\leqslant 2\sqrt{\sqrt{(2R+D)(D-d)}}$。

然而，考虑到被测的管道缩径极限以及内检测器的内部电气结构、密封承压结构、柔性支撑结构等尺寸的制约，绝大多数漏磁内检测器在管道中的运行状态均属于图 4-7(b)所示的状态。

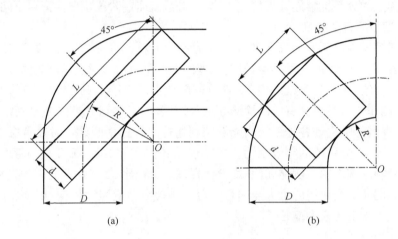

图 4-7　舱段弯管通过性示意图

（2）结构在弯管处运动约束。

检测器在管道中时刻处于运动状态，因此，对检测器进行运动干涉分析必不可少，避免内检测器在运动过程中与管壁摩擦产生很大的内耗，甚至卡死。对检测器的运动分析同样采用对单一舱段进行分析的方式，并将其简化为一圆柱形刚体结构进行处理，舱段在通过弯道时，可以分为过渡阶段和旋转阶段。过渡阶段时，舱段处于弯管与直管之间，舱段等效刚体做平面运动。旋转阶段，即舱段完全处在弯管范围内，舱段的运动是绕弯道曲率中心的转动。按图 4-8、图 4-9 建立坐标系。

建立弯管参数方程：

$$X=R-\frac{D}{2}\cos\varphi\cos\lambda \tag{4.1}$$

$$Y=R-\frac{D}{2}\cos\varphi\sin\lambda \tag{4.2}$$

$$Z=\frac{D}{2}\sin\varphi \tag{4.3}$$

建立舱段在过渡段的运动方程：

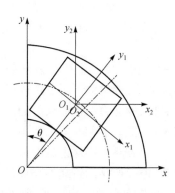
图 4-8　舱段过渡段示意图

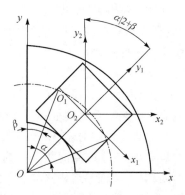
图 4-9　舱段旋转段示意图

$$x = R\alpha - L + \frac{D}{2}\sin\varphi\sin\theta \tag{4.4}$$

$$y = R - \frac{D}{2}\sin\varphi\cos\theta \tag{4.5}$$

$$z = \frac{D}{2}\cos\varphi \tag{4.6}$$

建立舱段在旋转段的运动方程：

$$x = R\sin\beta + \frac{D}{2}\sin\varphi\sin(\beta + \alpha/2) \tag{4.7}$$

$$y = R + \frac{D}{2}\sin\varphi\cos(\beta + \alpha/2) \tag{4.8}$$

$$z = \frac{D}{2}\cos\varphi \tag{4.9}$$

式中，λ 为弯管角度，一般取 $90°$；φ 为舱段姿态角；α 为舱段在过渡段绕弯管曲率中的旋转角度；β 为舱段在旋转段绕弯管曲率中的旋转角度。

由管道参数方程和舱段运动轨迹方程可计算出舱段在弯道内运动时皮碗需在径向产生的变形量 Δ：

$$\Delta = \sqrt{(X-x)^2 + (Y-y)^2 + (Z-z)^2} \tag{4.10}$$

当考虑皮碗变形量 Δ 后，皮碗与舱段的组合直径满足弯管长径比关系，且变形量 Δ 在皮碗可承受的极限范围内，认为检测器可顺利通过弯头。

3）柔性连接及支撑

（1）舱段与管道内壁的支撑。舱段与管道内壁的柔性支撑，采用在各功能舱段两端安装一个皮碗的方式，即舱段与管壁间通过柔性的皮碗接触。皮碗的材料为橡胶，当管道内径局部有较大变形或缩径时，皮碗被压缩产生大变形，以保证产品顺利通过,同时将前后两个皮碗作为产品的减振器使用,减少产品在管道内的振动,避免舱段刚体部分直接与管道发生接触、碰撞,降低检测对管道内壁的磨损,提高管道和检测器的使用寿命。

(2)漏磁分系统磁路的柔性支撑。小口径的内检测器漏磁分系统磁极为分瓣式结构,采用若干组刚性磁路周向分布的结构形式,各磁路可对管道内径和路由变化进行自适应。磁路对管道内径和路由变化自适应能力源于磁极间的斥力及磁路间的弹性支撑力联合作用力,这使产品在管道内运行时始终保持磁路具有沿径向向外运动的趋势,且各组磁路间相互制约,使各组磁路始终保证具有沿内径向外贴紧管壁的运动趋势,保证各组磁路的有效浮动,提高产品的可靠性。大口径的内检测器,漏磁分系统采用整圈的磁极,磁极表面分布钢刷的结构方式,刷毛的柔性可适应缩径及路由的变化,如图 4-10 所示。

图 4-10　大口径漏磁检测钢刷结构示意图

(3)里程轮与管道间的柔性浮动。里程轮的结构形式千变万化,但其核心思想均围绕柔性、自适应展开设计。为了精确记录内检测器在管道内的里程数据,里程轮需要时刻与管壁接触并进行有效滚动,同时,里程结构对管径及路由具有一定程度的自适应性,为了避免里程轮与管壁接触打滑,里程轮机构常采用柔性张紧结构,使里程轮与管道内壁保证一定的接触压力,由于里程轮在管道内长时间滚动摩擦,其磨损量的大小对检测器定位精度会造成影响,而且在焊缝、管道对接处可能会出现里程轮撞击管壁的情形,因此里程轮材料应选择高耐磨性、高冲击韧性的导磁材料。图 4-11 所示的里程轮结构为柔性浮动自适应结构。

图 4-11　ROSEN 里程轮结构示意图

（4）柔性连接。各分系统通过万向节组件连接成一个整体，保障检测器的路由通过性。在设计中除根据管道路由参数，严格控制内检测器每一独立刚体舱段的长径比外，还需严格控制两舱段间万向节的长度，即两舱段的间距，同时严格保证万向节的转动角度，确保检测器过弯管时不会由于万向节转动角度不到位而导致检测器产生卡堵情况。

4）密封及承压性

内检测器在高温高压的石油或天然气介质中工作，为了保证电气电路、印制板能够正常工作，需要将其置于与介质隔离的空间环境内，因此各分系统均需要设计密封、承压的空间，保证在工作压力下不泄漏、不失稳，为功能电路提供正常的工作环境。

（1）密封。

密封的本质在于阻止被密封的空间与周围介质间的质量交换，密封的主要方法如下：

① 尽量减少密封部位的数量。在进行压力容器设计时，尽可能减少设备的密封部位，特别是对于处于易燃、易爆、有毒、强腐蚀性介质环境中的仪器设备更应减少密封连接部位的数量。

② 堵塞或隔离泄漏通道。在密封部位设置密封圈或填充密封胶，大大提高密封性能。由于密封圈或密封胶具有良好的形变特性，容易与被连接元件表面贴合，填满结构件表面的微间隙，堵塞或减小被密封流体的泄漏通道，进而实现密封。

③ 增加泄漏通道中的流动阻力。介质通过泄漏通道时会遇到阻力作用，流动阻力与泄漏通道的长度成正比，与泄漏通道当量半径的 4 次方（层流状态）成反比。因此，增大泄漏通道的长度，如增大密封圈的厚度，也能大幅度提高产品的密封性能。

④ 采用刚性连接。采用焊接、钎焊或利用胶黏剂可形成永久性或半永久性的连接，也能实现较高的密封性能，但是，对产品的维修性带来一定程度的不便。

在密封结构的设计、密封圈的选取时，首先要考虑与工作介质的相容性，还必须综合考虑其密封处的压力、温度、连续工作时间、运行周期等工作条件，以及密封圈的硬度、挤出间隙等。在动密封场合，必须考虑由于摩擦热引起的温升。不同的密封件材料，其物理性能和化学性能都不一样，选用时需要根据实际工况进行设计及选用。

（2）刚体舱段承压能力分析。

内检测器舱段式结构均为薄壳式结构，在水下设备、管道内检测设备等特种作业设备中，为了满足内部电气设备的性能要求，经常会为其设计承受外压的壳体，管道内检测器的舱段在承受均布外压作用时，壳壁中产生压缩应力，其大小与受相等内压时的拉伸应力相同。但此时壳体可能有两种失效形式：一种是因刚度不足，发生失稳破坏；另一种是因强度不足，发生压缩屈服失效。对于薄壁圆筒，周向失稳总是发生在强度失效之前，所以弹性稳定性计算是其所要考虑的首要问题，对于厚壁圆筒，因壁较厚已无稳定失效问题，主要考虑的是因屈服引起的失效。

　　对于内检测器舱段的薄壳结构外压圆筒的计算，《压力容器》(GB 150—2011)和《压力容器建造规则》(ASME BPVC VIII-1—2013)采用了相同的计算公式和处理方法，当为弹性失稳时(即薄壁圆筒)计算方法如下：

　　长圆筒临界压力采用的是布雷斯-布赖恩公式

$$P_{cr} = 2.19E\,(\delta_e/D)^3 \tag{4.11}$$

　　短圆筒采用的是美国海军试验水槽公式

$$P_{cr} = 2.59E\,(\delta/D)^{2.5}/[(L/D) - 0.45\,(\delta/D)^{0.5}] \tag{4.12}$$

因此对弹性状态的临界压力进行计算，就存在两个具体问题。一是在设计时需先明确该圆筒是长圆筒还是短圆筒；二是临界压力都和材料弹性模量 E 值有关，而 E 值只有在比例极限以下才是常数，超过比例极限后直到屈服，随其所受应力或应变值而不断缩减。

　　当容器的计算长度相对较长时，可以忽略容器两端封头等部件的约束作用，这样的容器称为长圆筒；相反，当容器两端封头等部件的约束作用不能忽略时，这样的容器称为短圆筒。判断依据是：计算长度 $L > L_{cr}$ 的圆筒称为长圆筒，计算长度 $L < L_{cr}$ 的圆筒称为短圆筒。其中临界长度 L_{cr} 为

$$L_{cr} = 1.17D_0\,\sqrt{D_0/\delta_e} \tag{4.13}$$

　　5）检测距离适应性

　　内检测器在管道内运行的过程中，皮碗、里程轮及磁路表面需要始终与管道内壁贴合，以实现各分系统的支撑、里程信息获取以及磁路的闭环，常常需要进行几十至上百公里的检测，因此，与管壁接触的结构件不紧要考虑满足特殊的功能需求，还必须考虑长距离检测的耐磨能力。

　　6）防爆性

　　在规范操作和空气置换的情况下，输油、输气管道内部一般不存在混有空气的情况，即没有助燃气体，所以原油、气体或混输等管道内部都为安全环境，内检测器的防爆危险点主要可能出现在有爆炸混合气体环境的收球筒内，此区可以参照 GB 3836—2014 标准中的 2 区要求，属于一般危险程度。从结构设计角度可以参照标准《爆炸性气体环境用电气设备》(GB 3836.1—2000)和《爆炸性环境用非电气设备》(GB 25286.1—2010)系列标准，尽可能采取防爆措施。结构防爆的主要思路包括隔爆、防爬弧、防静电。

　　(1)隔爆。保证各分系统密封舱内电路或电池发生爆燃时，舱体不破坏，不引起舱外环境的变化，也即隔爆设计。根据国际电工委员会 IECEx 防爆检测试验室的意见，检测器的隔爆壳体能够承受 2MPa 的内压不破坏即满足防爆要求；根据 GB 3836 系列标准，隔爆壳体试验内压最大为 1.5MPa 即可。

　　(2)防爬弧。保证所有电触点、焊点间不产生爬弧现象，且不与输送的易燃介质接触，避免意外爬弧引起介质爆燃。舱体内部的电触点、焊点本身全部在密封舱

内,与外部介质隔离,即使出现爬弧、打火现象,由于舱体具有隔爆作用,不会造成外部爆燃,对于舱体外部的电连接器等需要考虑采用密封、灌封等防爬弧措施。

（3）防静电。检测器运行中与管壁摩擦的部分有皮碗、里程轮和磁路耐磨垫等,其中里程轮和耐磨垫均为金属,摩擦不会造成电荷堆积即不会产生静电,皮碗为非金属柔性材料,与管壁摩擦有可能会有电荷堆积,产生静电,因此,皮碗需要考虑防静电。

7）各分系统在管道内环境的适应性

内检测器工作在高温、高压环境的管道内,工作介质为原油、天然气等。而内检测器主要承受的管道内环境包括内检测器在运行时的振动与冲击等力学环境,以及管道内高温高压的自然环境。

在力学方面,各舱段与管壁间的支撑均为柔性支撑,皮碗及浮动机构均起到减振器的作用,可较好地适应管道内运行的力学环境。

工作温度对结构自身的影响可以忽略不计,需要考虑的是：各功能分系统在给定的管道内、介质温度下,电路长时间工作、器件自身温升联合作用,需要进行热控设计并注意器件的温度适应范围选择。

8）收发球适应性

内检测在收球段以很快的速度进入收球筒。在收球筒较短的情况下,检测器前端的背压瞬间消失,压差骤然变化,极有可能以很大的加速度撞击收球筒盲板,因而必须考虑在内检测器的最前端设计防撞缓冲装置。防撞缓冲装置采用弹性机构,提高产品及收球筒的可靠性及安全性。

4.2　海底管道内检测器结构的仿真设计

管道内检测器在管道内长期运行,必须考虑管道内的热、振动以及管道变形、缩径等对内检测器的影响,除了在设计过程中进行必要的理论计算外,还需要进行热、力、通过性等仿真,校核内检测器的关键组件,以提高内检测器长期工作的可靠性。

4.2.1　热设计及仿真

管道内检测器在管道内长期运行,电子元器件的长时工作导致舱段内温度升高,另外,高黏易凝油的管道输送一般采用加热输送方法,介质温度可达 70℃甚至更高,这也导致检测器内电子元器件的周边环境温度较高,对元器件的工作可靠性是一个挑战。计算机的辅助热分析是集数值传热学、数值计算方法及计算机技术于一体的一项技术,为电子设备的热可靠性设计提供了一种理想的分析方法[2]。

1. 热仿真理论

热仿真的基本思想是把在时间和空间域上连续物理量的场,用一系列有限个离散点上的变量值的集合来代替,通过一定的原则和方式建立起关于这些离散点上场变量之间关系的代数方程组,然后求解代数方程组获得场变量的近似值。热仿真的基本理论由质量守恒(连续)方程、能量守恒方程和动量守恒(流动)方程组成。在直角坐标系中,三维对流换热的微分方程[2]如下。

质量守恒方程:

$$\frac{\partial(\rho u)}{\partial x}+\frac{\partial(\rho v)}{\partial y}+\frac{\partial(\rho w)}{\partial z}=0 \tag{4.14}$$

动量守恒方程:

x方向

$$\rho u\frac{\partial u}{\partial x}+\rho v\frac{\partial u}{\partial y}+\rho w\frac{\partial u}{\partial z}=-\frac{\partial p}{\partial x}+\mu\left(\frac{\partial^2 u}{\partial x^2}+\frac{\partial^2 u}{\partial y^2}+\frac{\partial^2 u}{\partial z^2}\right)+S_x \tag{4.15}$$

y方向

$$\rho u\frac{\partial v}{\partial x}+\rho v\frac{\partial v}{\partial y}+\rho w\frac{\partial v}{\partial z}=-\frac{\partial p}{\partial y}+\mu\left(\frac{\partial^2 v}{\partial x^2}+\frac{\partial^2 v}{\partial y^2}+\frac{\partial^2 v}{\partial z^2}\right)+S_y \tag{4.16}$$

z方向

$$\rho u\frac{\partial w}{\partial x}+\rho v\frac{\partial w}{\partial y}+\rho w\frac{\partial w}{\partial z}=-\frac{\partial p}{\partial z}+\mu\left(\frac{\partial^2 w}{\partial x^2}+\frac{\partial^2 w}{\partial y^2}+\frac{\partial^2 w}{\partial z^2}\right)+S_z \tag{4.17}$$

能量守恒方程:

$$\rho u c_p\frac{\partial T}{\partial x}+\rho v c_p\frac{\partial T}{\partial y}+\rho w c_p\frac{\partial T}{\partial z}=k\left(\frac{\partial^2 T}{\partial x^2}+\frac{\partial^2 T}{\partial y^2}+\frac{\partial^2 T}{\partial z^2}\right)+S_T$$

式中,u为x方向速度;v为y方向速度;w为z方向速度;ρ为密度;μ为动力黏度;c_p为质量定压热容;k为导热系数;p为压力;S为源项。

在稳态条件下,三维对流换热的通用方程可表示为

$$\rho\left[\frac{\partial(u\varphi)}{\partial x}+\frac{\partial(v\varphi)}{\partial y}+\frac{\partial(w\varphi)}{\partial z}\right]=\Gamma_\varphi\left(\frac{\partial^2\varphi}{\partial x^2}+\frac{\partial^2\varphi}{\partial y^2}+\frac{\partial^2\varphi}{\partial z^2}\right)+S_0 \tag{4.18}$$

式中,φ为通用变量;Γ_φ为扩散系数;S_0为源项。

各系数的对应关系见表4-1。

表4-1　各系数对应关系

物理量	φ	Γ_φ	ρ	S_0
连续方程	1	0	ρ	0
能量方程	T	k	ρc_p	S_T
x方向动量方程	U	μ	ρ	$-\frac{\partial p}{\partial x}+S_x$
y方向动量方程	V	μ	ρ	$-\frac{\partial p}{\partial y}+S_y$
z方向动量方程	W	μ	ρ	$-\frac{\partial p}{\partial z}+S_z$

由表 4-1 可知,对流换热的 5 个方程是相互关联与相互耦合的,在方程中存在非对称项。利用数值计算方法,可对上述非线性方程组进行离散化,变成一组代数方程。近年来,随着计算机技术和离散数学的不断发展,形成了以有限元法(FEM)、有限差分法(FDM)、有限容积法(FVM)、边界元法(BEM)及有限分析法(FAM)为核心的求解方法。

有限差分法求解速度较快,但局限于规则的差分网格,只适合于规则的几何形状;有限元法能对复杂的几何形状进行求解,它允许对某些区域(温度梯度大、最高温度处等)加密网格,且计算精度高,但缺点是占用大量的计算机资源和处理时间;而有限容积法综合了有限元和有限差分法的优点,目前大多数的热分析软件采用的都是有限容积法。

2. 常用热分析软件

内检测器设备常用的热分析软件可分为如下两类:

(1) 通用热分析软件,如 FLOTRN、Algor、ANSYS 等。它们不是根据内检测器这样的电子设备的特点而编制的,但可用于此类设备的热分析。

(2) 专用的电子设备热分析软件,Betasoft、CoolIT、FloTHERM、Icepak、ESC 等,它们都是专门针对电子设备的特点而开发的,在电子设备热分析领域的应用较为广泛。进行热分析的数学基础是有限元法、有限容积法、有限差分法以及边界元法。其中软件 Betasoft 采用的是有限差分法,软件 FLOTRN、Algor、ANSYS 采用的是有限元法,软件 FloTHERM、CoolIT、Icepak 采用的是有限容积法。

① Icepak。Icepak 是专业的、面向工程师的电子产品热分析软件,核心技术是 Fluent5.5。软件内置有大量的电子产品模型、各种风扇库及材料库等,用户只需要简单调用即可,与目前主流三维结构设计软件接口良好,非常便于内检测器设备不规则模型的建立和导入。Icepak 软件的特点是面向对象的建模功能:丰富的物理模型,可以模拟自然对流、强迫对流/混合对流、热传导、热辐射、层流/紊流、稳态/非稳态等流动现象。

② FloTHERM。FloTHERM 热仿真软件广泛应用于通信、计算机、半导体/集成电路/元器件、航空航天、国防电子、电力与能源、汽车电子等领域。FloTHERM 采用了成熟的计算流体力学(CFD)和数值传热仿真技术,并拥有大量专门针对电子工业而开发的模型库和数据库。应用 FloTHERM 可以从内检测器应用的环境层、内检测器系统层、各电路板及部件层直至芯片内部结构层等各种不同层次,对系统散热、温度场及内部流体运动状态进行高效、准确、简便的定量分析。

③ ANSYS。ANSYS 软件是融结构、流体、电场、热、磁场和声场分析于一体

的大型通用有限元分析软件。能与多数 CAD 软件接口,实现数据的共享和交换。ANSYS 有限元软件的热分析模块能计算包括导热、对流及辐射三种传热方式在内的传热问题,此外还可以分析相变、有内热源、接触热阻等问题,提供了强大的热分析计算功能。但相比于 Icepak 和 FloTHERM,ANSYS 软件缺少芯片、风扇等模型库,在应用方便性上稍显不足。

④ Fluent。Fluent 是目前比较流行的 CFD 软件包,它包含结构化及非结构化两个版本。它具有丰富的物理模型、先进的数值计算方法以及强大的前后处理功能。Fluent 软件采用不同的离散格式和数值方法,可以在特定的领域内使计算速度、稳定性和精度等方面达到最佳组合。

3. 内检测器热仿真注意事项和流程

管道漏磁内检测器产品热仿真需要重点关注电子元器件的温度,防止电子元器件因温度效应失效。

热仿真时需要注意以下问题:

(1) 热仿真边界条件应按使用要求规定的环境条件进行设置;

(2) 热仿真建模时,对关注的区域及器件应尽可能按照真实热特性进行建模,对于不关注或其他对传热不重要的细节进行简化处理,合理分配资源;

(3) 热仿真结果应与实际热测试结果进行比较,以实际热测试结果修正仿真模型。

热仿真的流程一般如图 4-12 所示。

4.2.2　通过性设计仿真

海底管道漏磁内检测器的通过性是一项非常重要的指标,在工程实际中需要先评估产品在管道内的通过性指标才能进行管道检测。通过性的高低决定了产品检测时卡堵风险的高低。在检测器产品的结构设计过程中,需要充分考虑通过性的要求,保证产品能够顺利通过缩径、弯管、三通等各种复杂工况。

漏磁内检测器结构不仅包含舱段等金属固定结构,还包含万向节等活动机构、皮碗等超弹性材料。结构设计时,将内检测器各部分舱段和皮碗等效简化成一个刚性圆柱体,通过平面几何方法来计算舱段的关键尺寸与通过性的关系,但未全面考虑皮碗的整个变形过程和被检测管道内的介质压力等因素。为了模拟皮碗大变形情况和被检测管道内介质推动的实际情况,进一步验证通过性设计的正确性,采用软件仿真分析方法模拟内检测器在管道内更为贴近实际应用的运行状况。

有限元软件仿真方法主要是基于流固耦合动力学理论,对内检测器舱段的管道运行过程进行动力学分析,利用非线性有限元分析软件建立舱段流固耦合系统的有限元分析模型,分析单节舱段和多节舱段的管道通过性。

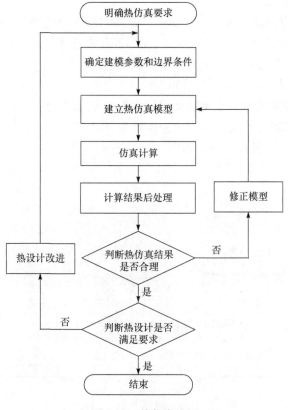

图 4-12　热仿真流程

1) 管道内检测器流固耦合动力学模型

考虑到皮碗材料的刚度远低于舱段材料的刚度,因此将舱段结构简化为刚体结构,将皮碗结构处理为柔性体结构,两部分之间的连接方式为刚性连接。

皮碗的动量守恒方程为

$$\rho_b \ddot{u}_b = \sigma_{ij,j} + \rho_b b_b \tag{4.19}$$

式中,ρ_b 为皮碗材料密度;$\ddot{u}_b$ 为材料加速度;σ_{ij} 为材料柯西应力分量;b_b 为材料内部体力。

管道内流体简化为不可压缩牛顿流体,流体的不可压缩条件为

$$\nabla \cdot v_w = 0 \tag{4.20}$$

式中,v_w 为流体质点的速度矢量。

管道流体的动量守恒方程为

$$\rho_w \left(\frac{\partial v_w}{\partial t} + v_w \cdot \nabla v_w \right) = -\nabla p_w + \eta \nabla^2 v_w + \rho_w v_w \tag{4.21}$$

式中,ρ_w 为流体材料密度;p_w 为流体材料内部压强;η 为流体的动力黏性。

2）皮碗材料参数及本构模型

有限元软件仿真方法需要得到详细的舱段、皮碗、管道等物性参数，其中皮碗承担了内检测器设备的支撑、承压运动、变形等重要任务，一般采用橡胶等高弹性材料制作，皮碗材料参数的准确性对内检测器通过性仿真的准确性至关重要。皮碗材料参数的测试主要通过力学试验得到。

根据《硫化橡胶或热塑性橡胶拉伸应力应变性能的测定》（GB/T 528—2009）和《硫化橡胶或热塑性橡胶压缩应力应变性能的测定》（GB/T 7757—2009），采用水射流方法切割试验件尺寸系列如图 4-13～图 4-16 所示。

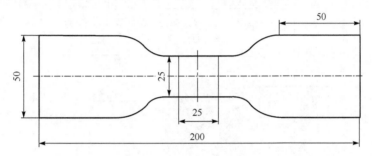

图 4-13　拉伸标准试件 1（试验Ⅰ型）

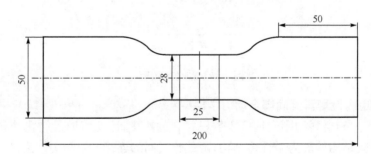

图 4-14　拉伸标准试件 2（试验Ⅰ型）

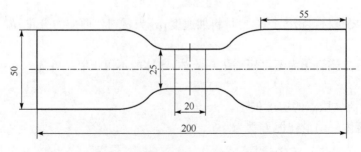

图 4-15　拉伸标准试件 3（试验Ⅱ型）

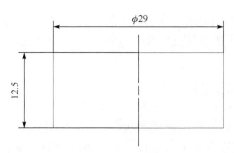

图 4-16　压缩标准试件

皮碗的本构关系采用超弹性本构方程,基于非线性弹性理论,超弹性应变能密度模型为

$$W = \sum_{i+j=1}^{n} C_{ij} (\bar{I}_1 - 3)^i (\bar{I}_2 - 3)^j + \sum_{i=1}^{n} \frac{1}{D_i} (\bar{J} - 1)^{2i} \qquad (4.22)$$

式中,n 是多项式的阶数;D_i 表示材料是否可压缩;$\bar{I}_1$、$\bar{I}_2$ 和 $\bar{J}$ 为第一、第二与第三不变量。

3) 仿真工具及相关理论依据

通过性仿真软件包括几何建模软件、网格划分软件、有限元计算软件等。几何建模软件主要用于三维几何模型的创建、修改,并生成相应的文件供网格划分软件使用。网格划分软件用于对几何模型进行网格划分,生成相应的有限元模型,供有限元计算软件使用。常用的有限元计算软件有 ANSYS、PATRAN、MSC Nastran、ABAQUS 等。

4.2.3　力学设计及仿真

1. 力学分析目的及内容

结构力学设计及仿真是管道漏磁内检测器设计必不可少的环节。结构分析的目的是保证内检测器的机械零件在强度、刚度、稳定性和动力学性能方面满足现场使用需求,不会在各种工作载荷下发生失效。管道漏磁内检测器的结构分析主要包括结构静力学分析、结构动力学分析等。有限元法是当前结构分析使用范围最广的数值计算方法,能够成功处理分析中的非均质材料、各向异性材料、非线性应力应变关系以及复杂边界条件等问题。

2. 主要有限元软件介绍

有限元软件通常可分为通用软件和行业专用软件。通用软件可对多种类型的工程和产品的物理力学性能进行分析、模拟预测、评价和优化。目前在国际上被市场认可的通用有限元软件包括:MSC 公司的 Nastran、Marc、Dytran,ANSYS 公司的 ANSYS,HKS 公司的 ABAQUS,ADINA 公司的 ADINA,SRAC 公司的 COS-

MOS, ALGOR 公司的 Algor, EDS 公司的 I-DEAS, LSTC 公司的 LS-DYNA 等。这些软件各有特点,一般将其分为线性分析软件、一般非线性分析软件和显式高度非线性分析软件。

3. 典型有限元分析流程

对于不同物理性质和数学模型的问题,有限元求解法的一般步骤是相同的,只是具体公式推导和运算求解不同。有限元求解问题的基本步骤如下:

(1) 问题及求解域定义。根据实际问题确定求解域的物理性质和几何区域。

(2) 求解域离散化。将求解域近似为具有不同有限大小和形状且彼此相连的有限个单元组成的离散域,即有限元网格划分。理论上,单元越小则离散域近似程度越好,计算结果也越准确,但计算量将增大,求解资源和求解时间增加,因此求解域的离散化是有限元法的核心技术之一。

(3) 确定状态变量及控制方法。一个具体的物理问题通常可以用一组保护问题状态变量边界条件的微分方程表示,为适合有限元求解,通常将微分方程转化为等价的泛函形式。

(4) 单元推导。对单元构造一个合适的近似解,即推导有限单元的列式,其中包括选择合理的单元坐标系、建立单元形函数、以某种方法给出各单元状态变量的离散关系等内容,从而形成单元矩阵。为了保证问题求解的收敛性,单元推导有许多原则要遵循。在工程应用中应重点注意每一种单元的解题性能与约束。

(5) 总装求解。将单元总装形成离散域的总体矩阵方程,反映对近似求解域的离散域的要求,即单元函数的连续性要满足一定的连续条件。总装是在相邻单元节点之间进行的,因此状态变量及其导数连续性建立在节点处。

(6) 联立方程组求解和结果解释。有限元法的离散和总装最终导致联立方程组的生成,联立方程组的求解可用直接法、迭代法和随机法。求解结果是单元节点处状态变量的近似值。

4. 有限元软件应用的典型流程

采用有限元软件进行分析的流程包括分析问题、前处理、求解和后处理。

1) 分析问题

分析问题对于任何分析都是最重要的部分,所有的影响因素必须都考虑,同时要确定它们对最后结果的影响是不是应该考虑或者忽略。分析问题的主要目的是模拟在系统载荷作用下的结构行为,有助于对问题的理解和建模。然而该工作也是工程中最容易被遗漏的环节。

2) 前处理

通常,有限元软件的前处理包含以下内容:

（1）明确问题名称。

（2）设置使用的分析类型，如结构、流体等。

（3）创建模型。几何模型和有限元模型可在适当的单位制下，在一维、二维或三维设计空间中创建或生成。这些模型可在前处理软件中创建，或者从其他 CAD 软件中以中性文件的格式（IGES、ACIS、Parasolid、DXF 等）输入进来。值得注意的是有，限元模型的长度单位通常不具备实际中的物理含义，因此创建模型时需要采用一致的单位定义。

（4）定义单元类型。定义单元是一维、二维或三维的，或者执行特定的分析类型。

（5）网格划分。网格划分是一个将分析的连续体划分为离散部件或有限元网格的过程。网格质量越好，计算结果越精确，网格可以手工创建，也可以由软件自动生成，手工创建的方法具有更大的适应性。在创建网格的过程中，零件连接位置以及应力突变的位置网格应该细化，这样可以保证该位置应力的准确性。

（6）分配属性。材料属性（杨氏模量、泊松比、密度、膨胀系数、摩擦系数等）必须被定义，另外，单元属性也需要被设定，例如，一维梁单元需要定义梁截面特性，板壳单元需要定义厚度、方向和中性面的偏移量参数等。

（7）施加载荷。将某些类型的载荷施加在网格模型上，将得到有限元分析模型。载荷可以应用在一个点、一个面甚至一个完整的整体。

（8）应用边界条件。为了在计算机模拟过程中阻止其无限的加速，需要施加约束或边界条件。结构的边界条件通常以零位移的形式构成。

3）求解

通常，求解过程是自动的。有限元求解从逻辑上被分为三个主要部分：前置求解、数学引擎、后置求解。在仿真过程中，前置求解读取在前处理阶段创建的数学模型并形成模型的数学描述，所有在前处理阶段定义的参数都被用在这里。如果模型正确就会形成求解所需问题的单元刚度矩阵，并通过调用数学引擎产生计算结果。这个结果被送到求解器中，通过后置求解来计算节点和单元应变、应力等。所有这些结果被发送到结果文件中，并通过后处理进行读取。

4）后处理

后处理阶段主要进行结果的解释与分析，通常可以通过列表、等值云图、零部件变形等方式描述，如果分析中包含频率分析也可以以固有频率等形式描述。

4.3　海底管道漏磁内检测器结构的生产与组装

海底管道漏磁内检测器由于特殊的工作环境，需要具有高的结构可靠性，确保运行安全，虽然在设计阶段已经考虑过零部件及整机产品的可靠性和实现工艺性，但生产过程是实现结构设计可靠性意图的关键环节,因此,生产过程的质量管控是十分必要的,要确保设计意图落实到生产的每个工艺环节。

将满足设计意图、符合图纸要求的零件组合成组件、部件,再进一步和成品件按系统进行装配成整件,经过系列测试和试验成为符合设计要求、性能稳定可靠的漏磁内检测器产品。

这里以航天科工集团第三十五研究所与中海油能源发展装备技术有限公司联合研发的 8in 海底管道漏磁内检测器为例来说明加工、组装和调试的简单流程。

1) 零件简单分类

海底管道漏磁内检测器作为一个刚柔结构的管道机器人,其零部件主要有无磁金属零件、磁性体零件、导磁金属材料、耐磨金属材料和聚氨酯非金属零件等。对于大多数金属零件,机械加工方法是比较经济和有效保证质量的方法。对于非金属零件,模具成型是比较便捷的手段。

2) 部件组装顺序

从产品结构组成和功能特点来看,海底管道漏磁内检测器如果作为一个系统,其是由具有不同功能的分系统通过万向节组件连接而成的,因此其在装配过程中也是先以分系统为单位进行装配,待各功能分系统组装再按特点顺序进行结构连接和电气装配。

3) 结构功能调试

组装过程中,根据功能和需要随时进行相关功能验证和调试,如承压结构的承压能力验证,浮动机构的浮动能力验证、调试,里程系统的变形能力验证和调试,万向组件转动角度的验证等。

4) 漏磁内检测器运输

海底管道漏磁内检测器作为特殊功能和用途的电子设备,为了便于运输和使用,必须要配备收发球工具和包装箱。收发球工具在一般情况下要根据具体的使用环境,根据收发球筒的结构确定,但是一定满足防爆要求。包装箱是内检测器运输和存储的载体,首先对内检测器本体不能有任何危害,其次要标识清晰明了,再次要充分考虑人机工程学,如方便进出电梯、容易搬运、内检测器方便取放等。

参 考 文 献

[1] 邱成悌,赵惇殳,蒋全兴.电子设备结构设计原理.南京:东南大学出版社,2005.

[2] 赵惇殳.电子设备热设计.北京:电子工业出版社,2009.

第 5 章　漏磁磁路设计与仿真技术

5.1　漏磁磁场理论与磁路仿真原理

管道内检测器中的漏磁检测单元包含多组永磁体,管壁在永磁体作用下被磁化,若管壁是完好的,则管壁中的磁力线将被束缚在管壁中,呈均匀分布并与管道轴向平行,没有磁力线从管壁内表面溢出,永磁体中间的传感器检测到的磁场值基本不变。若管壁存在缺陷,会使磁导率发生变化,缺陷的磁导率很小,磁阻很大,使磁路中的磁通发生畸变,磁力线改变路径,其中一部分磁通直接通过缺陷或在管壁内部缺陷周围绕过,还有一部分磁通会泄漏出管壁内表面,通过空气绕过缺陷后再重新进入管壁,泄漏出的磁通在管壁表面缺陷处形成漏磁场。通过传感器可以检测到缺陷产生的漏磁通,将其转化为电信号。电信号经过模数转化后,存入内检测器存储设备,为后续的缺陷识别提供数据支持。因此,磁路设计直接影响不同缺陷产生的漏磁场的强度,在复杂工况下,即使是很小的缺陷,漏磁场也要足够大,才能不被运行中的噪声干扰和淹没。

根据漏磁检测原理可以设计出各种不同的磁路。然而,磁路参数的差异都可能导致整体磁路性能的改变,因此只有通过高精度的仿真手段,才能避免反复进行相关部件的投产,降低研制风险,节约研制成本,减少研制周期。

5.1.1　漏磁检测磁场的基本概念

漏磁场的形成是由于空气的磁导率要远低于铁磁材料的磁导率,如果在铁磁材料上存在不连续性的缺陷,则磁感应线优先通过磁导率高的铁磁材料,迫使一部分磁感应线从铁磁材料缺陷下面绕过,缺陷下面局部磁感应线被压缩。但是连续部分可容纳的磁感应线是有限的,又由于同性磁感应线相斥,所以一部分磁感应线从不连续部分中穿过,另一部分磁感应线遵循折射定律几乎从工件表面垂直进入空气中,再绕回工件形成漏磁场。

在漏磁内检测内检测器和管道之间有相对运动,如图 5-1 所示,在管道中会产生动生电动势,进而产生涡流,涡流产生的二次磁场影响管道磁化,从而影响漏磁信号。导体在磁场中运动时,其内部电子受到洛伦兹力的作用:

$$\boldsymbol{F} = e\boldsymbol{v} \times \boldsymbol{B} \tag{5.1}$$

式中,e 为电子电荷;v 为导体运动方向;B 为磁化器产生的磁场。在该力的作用下,电子产生定向运动,电流密度可表示为

$$J = \sigma v \times B \tag{5.2}$$

如图 5-1 所示的柱坐标系中,磁化器向 z 轴正方向运动。根据运动的相对性,可等效为磁化器静止而管道向 z 轴负方向运动,根据 $J = \sigma v \times B$ 可判断出管道内涡流的方向。

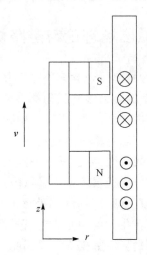

图 5-1　管壁内涡流分布示意图

涡流将进一步产生磁场:

$$B_{EC} = \frac{\mu_0}{4\pi} \int_V \frac{J_{EC} \times r}{r^3} dV \tag{5.3}$$

与原磁场叠加后形成对管道的磁化。涡流的作用,导致动态和静态磁化时有所不同,集肤效应使磁场集中在内壁,导致内壁磁场增强,外壁磁场减弱,进而影响内外壁缺陷漏磁信号。由 $J = \sigma v \times B$ 可知,动生涡流的主要有管道电导率、检测速度、管壁磁场三个因素影响。另外,根据 $B_{EC} = \frac{\mu_0}{4\pi} \int_V \frac{J_{EC} \times r}{r^3} dV$,涡流在检测区域(两磁极中间)产生的磁场与涡流到检测区域的距离有关,因此还要考虑磁化器长度的影响。

5.1.2　漏磁场的理论计算方法

漏磁场计算方法分为解析法和数值法。解析法使用解方程的方法解出所求的量,如磁偶极子模型;数值法是应用电磁学理论麦克斯韦方程予以分析,主要分为有限差分法、镜像法、积分法和变分法。变分法的现代形式就是有限元法。本节主要介绍磁偶极子模型。

1. 二维磁偶极子模型

通过介绍静态漏磁场的影响参数和模型,分析动态磁场的物理来源,得到动态漏磁和静态漏磁的区别,分析可能影响动态漏磁检测的各个参数,确定仿真内容及各参数变化范围。

缺陷漏磁场的理论分析一般采用磁偶极子模型,该模型假设磁荷均匀分布在缺陷端面处,通过对磁荷产生的磁场进行积分,得到缺陷漏磁场的分布。在如图 5-2 所示的 2 维模型中,设 b 为缺陷深度,$2a$ 为缺陷宽。

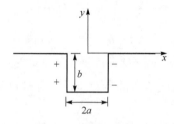

图 5-2 缺陷模型

σ 为磁荷线密度,其与磁化强度关系为

$$\sigma = \boldsymbol{M} \cdot \boldsymbol{n} \tag{5.4}$$

在缺陷左端面 $\mathrm{d}y$ 长度上分布的磁荷为

$$\mathrm{d}p = \sigma \mathrm{d}y \tag{5.5}$$

该磁荷产生的磁场为

$$\mathrm{d}\boldsymbol{H} = \frac{\mathrm{d}p}{4\pi r^3} \boldsymbol{r} \tag{5.6}$$

位于 (x, y) 处的磁荷元在空间中 (x_0, y_0) 点处磁场的 x、y 分量分别为

$$H_x(x_0, y_0) = \frac{\sigma \mathrm{d}y(x_0 + a)}{4\pi \left[(x_0 + a)^2 + (y_0 + y)\right]^{3/2}} \tag{5.7}$$

$$H_y(x_0, y_0) = \frac{\sigma \mathrm{d}y(y_0 + y)}{4\pi \left[(x_0 + a)^2 + (y_0 + y)\right]^{3/2}} \tag{5.8}$$

右端面磁荷元产生的磁场为

$$H_x(x_0, y_0) = \frac{-\sigma \mathrm{d}y(x_0 - a)}{4\pi \left[(x_0 + a)^2 + (y_0 + y)\right]^{3/2}} \tag{5.9}$$

$$H_y(x_0, y_0) = \frac{-\sigma \mathrm{d}y(y_0 + y)}{4\pi \left[(x_0 + a)^2 + (y_0 + y)\right]^{3/2}} \tag{5.10}$$

总磁场为两端面磁荷磁场的积分,因此得到

$$H_x(x_0, y_0) = \int_{-b}^{0} \frac{\sigma \mathrm{d}y(x_0 + a)}{4\pi \left[(x_0 + a)^2 + (y_0 + y)\right]^{3/2}} \mathrm{d}y + \int_{-b}^{0} \frac{-\sigma \mathrm{d}y(x_0 - a)}{4\pi \left[(x_0 - a)^2 + (y_0 + y)\right]^{3/2}} \mathrm{d}y$$

$$\tag{5.11}$$

$$H_y(x_0, y_0) = \int_{-b}^{0} \frac{\sigma \mathrm{d}y(y_0+y)}{4\pi \left[(x_0+a)^2+(y_0+y)\right]^{3/2}} \mathrm{d}y + \int_{-b}^{0} \frac{-\sigma \mathrm{d}y(y_0+y)}{4\pi \left[(x_0+a)^2+(y_0+y)\right]^{3/2}} \mathrm{d}y$$

$$(5.12)$$

积分后得到

$$H_x = \frac{M}{2\pi}\left[\arctan \frac{b(x+a)}{(x+a)^2+y(y+b)} - \arctan \frac{b(x-a)}{(x-a)^2+y(y+b)} \right] \quad (5.13)$$

$$H_y = \frac{M}{4\pi}\ln\left\{ \frac{\left[(x+a)^2+(y+b)^2\right]\left[(x-a)^2+y^2\right]}{\left[(x+a)^2+y^2\right]\left[(x-a)^2+(y+b)^2\right]} \right\} \quad (5.14)$$

由此可见,影响缺陷漏磁信号的参数包括工件磁化强度、缺陷宽度、缺陷深度、扫查路径(提离距离)。

为了得到管壁内外缺陷信号的数学模型,对管道动态磁化效果进行仿真,得到不同参数下管道内、外壁磁化强度的变化规律,通过曲线拟合得到内、外壁磁化强度与各个参数之间的关系式。根据磁偶极子模型,漏磁信号两个切向分量和法向分量可以用式(5.13)和式(5.14)表示。

2. 三维磁偶极子模型

漏磁信号有轴向、径向和周向 3 个方向的信号,因此需要用三维磁偶极子模型来计算。

假设三维缺陷长 $2c$、宽 $2a$、深 b,切向三维磁偶极子模型的表达式如下:

$$
\begin{aligned}
H_x = \frac{\sigma}{4\pi}\Bigg[& \arctan \frac{(y+b)(z+c)}{(x-a)\sqrt{(x-a)^2+(y+b)^2+(z+c)^2}} \\
& - \arctan \frac{y(z+c)}{(x-a)\sqrt{(x-a)^2+y^2+(z+c)^2}} \\
& - \arctan \frac{(y+b)(z-c)}{(x-a)\sqrt{(x-a)^2+(y+b)^2+(z-c)^2}} \\
& + \arctan \frac{y(z-c)}{(x-a)\sqrt{(x-a)^2+y^2+(z-c)^2}} \\
& - \arctan \frac{(y+b)(z+c)}{(x+a)\sqrt{(x+a)^2+(y+b)^2+(z-c)^2}} \\
& + \arctan \frac{y(z+c)}{(x+a)\sqrt{(x+a)^2+y^2+(z+c)^2}}
\end{aligned}
$$

$$+\arctan\frac{(y+b)(z-c)}{(x+a)\sqrt{(x+a)^2+(y+b)^2+(z-c)^2}}$$

$$-\arctan\frac{y(z-c)}{(x+a)\sqrt{(x+a)^2+y^2+(z-c)^2}}\Bigg]$$

$$(5.15)$$

假设三维缺陷长 $2c$、宽 $2a$、深 b，法向三维磁偶极子模型表达式如下：

$$
\begin{aligned}
H_y=\frac{\sigma}{4\pi}\Bigg[&\ln\Bigg(\frac{\{z+c+[(x+a)^2+y^2+(z+c)^2]^{1/2}\}}{\{z-c+[(x+a)^2+y^2+(z-c)^2]^{1/2}\}}\\
&\times\frac{\{z-c+[(x+a)^2+y^2+(z-c)^2]^{1/2}\}}{\{z+c+[(x+a)^2+y^2+(z+c)^2]^{1/2}\}}\Bigg)\\
&-\ln\Bigg(\frac{\{z+c+[(x-a)^2+y^2+(z+c)^2]^{1/2}\}}{\{z-c+[(x-a)^2+y^2+(z-c)^2]^{1/2}\}}\\
&\times\frac{\{z-c+[(x-a)^2+y^2+(z-c)^2]^{1/2}\}}{\{z+c+[(x-a)^2+y^2+(z+c)^2]^{1/2}\}}\Bigg)\Bigg]
\end{aligned}
$$

$$(5.16)$$

5.1.3　漏磁检测技术的磁路种类

当前，国内外所应用的智能内检测器主要以漏磁检测技术(MFL)和超声检测技术(UT)为典型代表，经过 40 多年的发展，在工业界得到了广泛应用，为管道安全运行和科学管理提供了重要的决策依据，内检测技术正向更高精度和更好适应性方向发展。

由于受到的应用约束条件较少，漏磁检测技术发展更为突出，各种形式的漏磁磁路技术相继涌现，其中，轴向漏磁检测技术发展最早并最成熟，之后又出现了周向漏磁检测技术、三维探头漏磁检测技术和螺旋磁场检测技术。

1) 传统轴向漏磁检测技术

传统的轴向磁场检测技术发展历史较长，技术比较成熟，应用较广泛，目前仍是大部分检测公司最常用的检测技术。如 GE PII、ROSEN 等检测公司早已开发出轴向磁场的三轴探头检测设备，并在工业现场广泛应用。三轴探头的检测器能够检测同一柱面上缺陷处磁场的矢量大小、方向及分布，为数据分析建立的数据模型提供了比单轴更为丰富的数据信息，可精确量化金属损失缺陷的几何尺寸，大大提高缺陷的量化精度。

2) 周向场漏磁检测技术(TFI)

传统的轴向磁场检测技术对轴向缺陷较敏感，而对沿管道轴向的纵向金属损失缺陷不敏感，被轴向磁场漏磁检测器发现或者探测到的信号较弱，因此作为常规轴向漏磁检测技术的补充，周向磁场检测器应运而生。它提高了对沿管道轴向狭长金属损失缺陷的检测灵敏度。目前，周向磁场检测设备对漏磁检测技术发展具有重要的意义。

3）螺旋漏磁内检测技术

目前，国内外已应用于工业的轴向或周向漏磁内检测器的传感器对腐蚀坑、三维机械缺陷等类型缺陷反应特别敏感，检测的准确度也很高；而对于与磁力线方向平行的浅、长且窄的金属损失缺陷，检测器不能有效地感应到磁场的变化。

在 2011 年的里约国际管道会议上，TDW 公司发表了论文"倾斜漏磁场在线检测技术"，阐述了螺旋漏磁场检测管道金属损失缺陷的优势。而螺旋磁场检测技术正好是轴向和周向磁场检测技术的有机结合。

5.1.4　磁路的有限元仿真原理

近年来，有限元法被普遍应用到管道漏磁检测的仿真计算中。有限元方法作为一种数值分析方法，能够适应复杂的几何形状和边界条件，能够成功用于多种介质和非均匀解释的问题。它将求解域分割（或进行离散）为有限个单元，并在每个单元内采用假设的近似函数来表示未知变量，这种有限元的离散工作就把问题简化为有限个未知量的问题。从数学上说，有限元法是从变分原理出发，首先把求解的微分方程问题转化为等价的变分问题，然后通过离散化的处理构造一个分片解析的有限元自空间，把变分问题近似地转化为有限元子空间的多元函数极值问题，最后转化为一组多元线性代数方程组的求解。

常用的仿真软件是 ANSYS 软件和 Ansoft 软件，本书主要介绍 ANSYS 软件在产品磁路仿真中的运用。为了设计符合产品使用的磁路，本章对磁路仿真设计和优化磁路的方法进行介绍。

5.1.5　磁路设计的主要研究流程

通过对有限元仿真技术进行研究，实现漏磁检测磁路的仿真建模设计与优化，通过实测试验验证仿真的有效性，最终得到应用于产品的磁路设计。

磁路仿真技术的主要研究流程如图 5-3 所示，首先通过对漏磁检测原理研究，设计出相应的二维磁路模型；之后进行二维有限元仿真，得到磁路的初步结果，该结果适用于钢管内多组磁路压缩在最小时，缺陷沿周向环形分布的情况；利用该结果分析确定磁路的关键参数并进行调整，得到试验样机的磁路设计；再利用三维有限元仿真技术设计应用于产品的磁路，将得到的结果与试验样机磁路测试结果进行比对，验证三维仿真的有效性；在三维有限元仿真模型有效的基础上，进行三维仿真关键参数的优化调整，通过仿真得到最优参数进行优化后磁路的研制；最后通过优化后的磁路实测结果验证仿真结果，得到优化后磁路的磁化强度等指标，实现磁路的设计与优化。具体的磁路设计流程可按实际情况进行调整和优化。

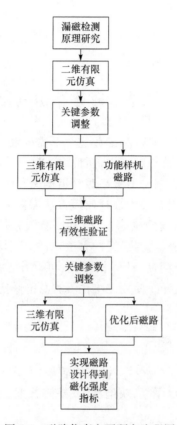

图 5-3　磁路仿真主要研究流程图

5.1.6　磁路影响因素的介绍

　　改变多种结构尺寸,可以影响整体磁路的系统性能,从而确定影响磁路的重要参数。在已有仿真模型的基础上进行系统分析,得到二维磁路系统关键因素对磁路设计的影响,可以指导仿真试验,达到对参数进一步优化的目的。影响因素如下:

　　(1) 铁辊厚度;

　　(2) 永磁体厚度;

　　(3) 永磁体长度;

　　(4) 永磁体间距;

　　(5) 钢刷厚度;

　　(6) 耐磨片厚度;

　　(7) 缺陷深度;

　　(8) 缺陷长度;

（9）永磁体属性；

（10）提离值位置；

（11）管道壁厚。

5.2 二维漏磁磁路仿真设计

在磁路设计过程中，每次修改和参数优化都需要经过投产试验才能了解实际使用中的磁路性能，不但浪费材料成本，而且返工时间长，会延长研制周期，降低效率。而且仅通过试验测量无法得出磁路对管道的磁化水平，进而无法确定是否能够满足磁化指标要求。采用偶极子数学建模方法需要人工计算大量公式，而且精度差，无法体现不同复杂结构的磁路特性；利用有限元仿真技术可以通过结构设计、材料属性设定、网格剖分、边界设置的方法，对复杂形状和非均匀介质进行求解计算，具有可视化模型设计简便、计算精度高、可操作性强、后处理功能丰富等优点，适用于磁路的优化与设计。使用二维仿真方法能够定性地了解磁路的性能，确定关键参数，提取有用信息。

5.2.1 二维仿真磁路的结构

仿真磁路的结构如图 5-4 所示。设置铁辊厚度、永磁体厚度、永磁体长度、永磁体间距、钢刷厚度、耐磨片厚度、缺陷深度、缺陷长度、永磁体属性、提离值位置、管壁厚度的仿真原始尺寸。

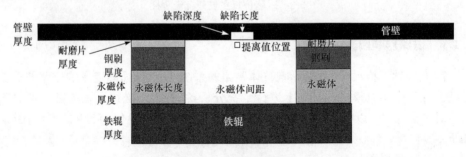

图 5-4 仿真磁路结构图

5.2.2 一种优化剖分的二维有限元仿真技术介绍

二维有限元仿真通过对轴对称模型的二维建模、单元选取、网格剖分、材料属性赋值、求解计算得到相应的磁场解算结果，根据磁场结果分析确定磁路的特征。它的优点是计算网格可以设计得很密，计算速度快，准确度与轴对称的三维结构一致，缺点是如果实际结构并不能转化成轴对称形式则不能使用，且不同网格剖分设计对精度的影响较大。因此,进行二维有限元仿真方法的研究,主要是针对磁路被压缩到最小直径(所有磁路之间没有空气间隙)时存在周向环形缺陷(如焊缝)时的情况,是一种定性研究。

二维有限元仿真主要面临的技术问题是如何实现二维模型的设计和计算,以及如何利用求解结果得到判断磁路性能的指标,使其为后续优化提供相应的数据支持。

根据漏磁磁路的基本结构,设计出具体磁路参数,如铁辊厚度、永磁体厚度、永磁体长度、永磁体间距、钢刷厚度、缺陷深度等。根据这些参数,进行有限元二维仿真设计计算。将对称轴选择在漏磁单元中心轴,对称截面内包括内空气、磁路(含钢管)及外空气,再利用边界条件约束,使最终结果适用于一个轴对称三维结构的简化仿真。二维有限元仿真结构设计如图 5-5 所示。

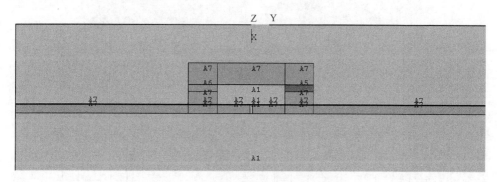

图 5-5　有限元二维仿真结构设计图

根据结构特性,需要进行网格剖分。采用自动网格剖分会使设计者无法控制网格的均匀性,尤其是各种材料的磁性曲线都是非线性的,网格计算的疏密直接影响到最终的计算结果,因此,可以采用均匀砖型网格优化剖分的方法,将整个磁回路涉及的材料进行均匀网格剖分,每种材料网格大小完全一致,保证了计算的速度和精度,避免由于网格疏密不均造成的计算误差。外围空气和内空气采用自动剖分,设定自由剖分网格大小,保证设计精度。结果显示,全部自由剖分网格数为8614,且无法继续细化,计算时间为 4s;采用优化剖分方法时网格数为 21734,计算时间为 5s。优化剖分方法网格数是自由剖分网格数的将近 3 倍,时间仅增加25%,这证明优化剖分方法在保证计算精度、增加必要的网格的同时,节约了计算时间。图 5-6 为自由剖分与优化剖分的对比图。

利用 plane53 单元进行计算,plane53 单元在二维静态磁场仿真中的应用非常广泛,可以进行磁标量计算。例如,设定钢管厚度、缺陷宽度、提取某距离提离值磁场数据,得到空气中距离钢管内径某距离处测线上的磁场数据,自由剖分计算结果如图 5-7(a)和(c)所示,优化剖分计算结果如图 5-7(b)和(d)所示。

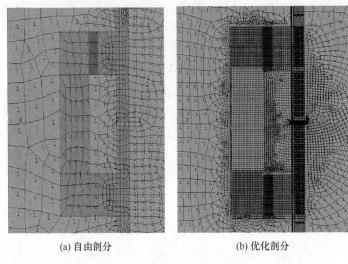

(a) 自由剖分　　　　　　　　　　　(b) 优化剖分

图 5-6　有限元二维仿真自由剖分与优化剖分对比图

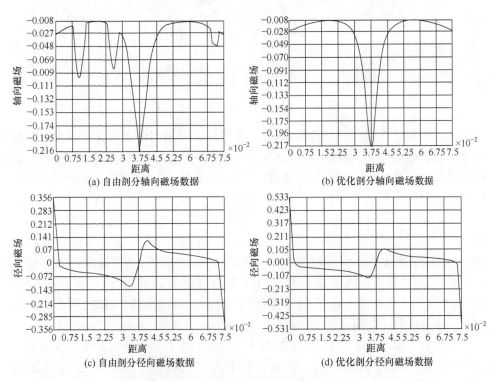

图 5-7　有限元二维仿真某距离提离值处轴向、径向磁场结果图

　　由图 5-7 可知,自由剖分由于网格分布不均匀且网格偏大,计算出的磁场数据出现多处尖峰和折线,且图 5-7(a)中明显存在错误的磁场数据,不能完全反映磁场的分布情况,而优化剖分后网格均匀,网格大小设置合理,计算磁场曲线光滑,能够反映磁场的分布情况。

　　在图 5-7(b)和(d)中,漏磁场在轴向磁场和径向磁场图中都有较明显的特征,轴向磁场呈对称形态,在缺陷中心处漏磁场达到峰值,径向磁场呈中心对称形态,在缺陷宽度边缘附近出现峰值,经过缺陷中心后反向,在另一个宽度边缘附近出现反向的峰值。说明本设计能够实现钢管磁化的功能,使缺陷附近产生漏磁场。不同深度和宽度的缺陷会表现出不同的峰值特征,这些特征可以用于缺陷类型的判断。图 5-8 为二维有限元仿真磁路的磁力线分布及磁场强度矢量分布。

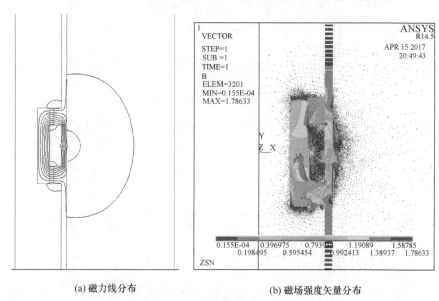

(a) 磁力线分布　　　　　　　　　　　　(b) 磁场强度矢量分布

图 5-8　二维有限元仿真的磁力线分布和磁场强度矢量分布

　　由图 5-8 可知,根据漏磁检测原理设计的二维有限元仿真磁路能够对钢管进行磁化,并在缺陷处产生漏磁场,这种设计能够实现漏磁检测磁路二维仿真的功能,为后续设计提供定性的数据支持。

5.2.3　二维磁路仿真的各影响因素

1. 改变铁辊厚度影响分析

　　如图 5-9 所示,增大的铁辊厚度会导致磁场值整体变大,漏磁信号逐渐明显,边缘磁场变化较小,信号宽度变化缓慢。在磁路边缘、信号边缘和中心点各取一条线,观察不同尺寸下磁场的变化率,得到图 5-10(之后沿用此方法作图)。

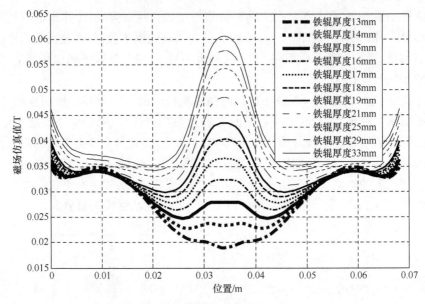

图 5-9　改变铁辊厚度的影响

　　如图 5-10 所示,随着铁辊厚度的增加,磁场峰值,即中心点磁场在曲线交点处的铁辊厚度以上时才能超过磁路边缘磁场值,且其增加斜率明显大于边缘磁场值的增加斜率,说明铁棍厚度的增加可以在有效地增大漏磁信号的同时抑制环境磁场的增大,是比较优选的影响因素。

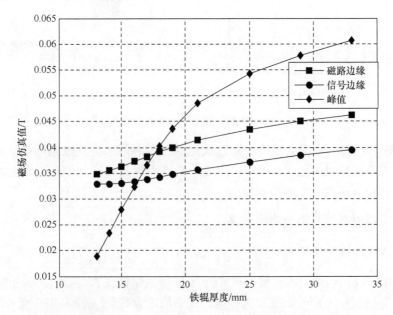

图 5-10　在磁路边缘、信号边缘和中心点不同铁辊厚度下的磁场变化率

2. 改变永磁体厚度影响分析

如图 5-11 所示,增大的永磁体厚度会导致磁场值整体变大,漏磁信号逐渐明显。

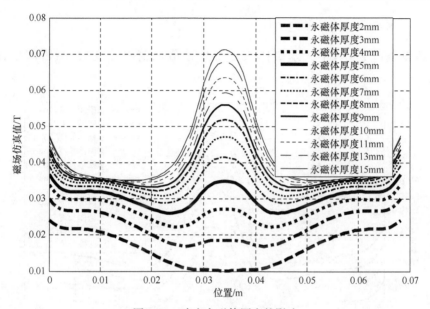

图 5-11　改变永磁体厚度的影响

如图 5-12 所示,随着永磁体厚度的增加,磁场峰值,即中心点磁场在大于交点

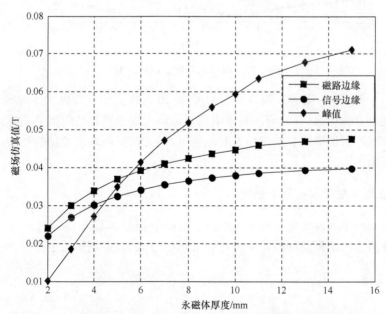

图 5-12　在磁路边缘、信号边缘和中心点不同永磁体厚度下的磁场变化率

处永磁体厚度时才能超过边缘磁场值,且其增加斜率明显大于边缘磁场值的增加斜率,说明永磁体厚度的增加可以在有效地增大漏磁信号的同时抑制环境磁场的增大,是比较优选的影响因素。

3. 改变永磁体长度影响分析

如图 5-13 所示,增大永磁体长度会导致磁场值整体变大,漏磁信号逐渐明显。

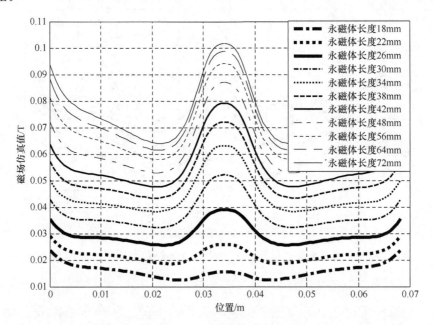

图 5-13　改变永磁体长度的影响

如图 5-14 所示,随着永磁体长度的增加,磁场峰值在交点处大于永磁体长度才能超过边缘磁场值,且其增加斜率明显与边缘磁场值增加的斜率基本相同,说明永磁体长度的增加可以有效地增大漏磁信号,但无法抑制环境磁场的增大,是不太优选的影响因素。

4. 改变永磁体间距影响分析

如图 5-15 所示,增大永磁体间距会导致磁场值整体变小,漏磁信号从逐渐明显到逐渐消失。永磁体间距既不可过小又不可过大,需要调整适中。

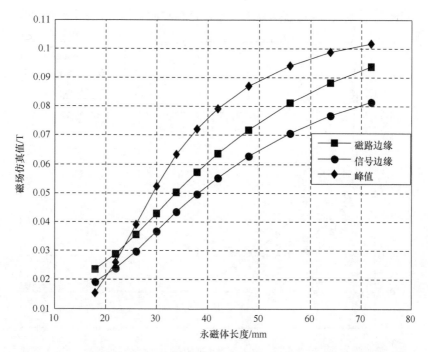

图 5-14　在磁路边缘、信号边缘和中心点不同永磁体长度下的磁场变化率

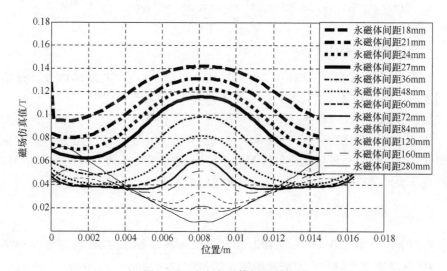

图 5-15　改变永磁体间距的影响

如图 5-16 所示,随着永磁体间距的增加,磁场峰值在第一个交点处大于永磁体
长度才能超过边缘磁场值,但在第二个交点以上又再次低于边缘磁场值,呈现单调递
减的趋势,而边缘磁场值则呈现先抑后扬的趋势,说明永磁体间距只在一定范围内可

以得到有效的漏磁信号,其选择范围决定是否存在漏磁信号,是重要的影响因素。

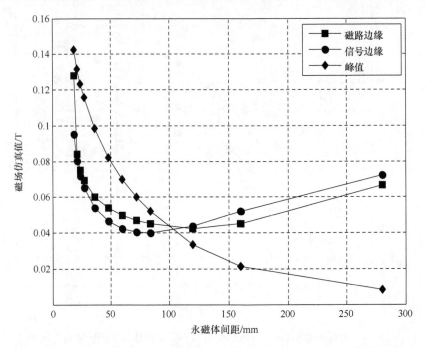

图 5-16　在磁路边缘、信号边缘和中心点不同永磁体间距下磁场变化率

5. 改变钢刷厚度影响分析

如图 5-17 所示,增大的钢刷厚度会导致磁场值整体变小,漏磁信号从逐渐明显到逐渐减小。钢刷厚度既不可过小又不可过大,需要调整适中。

如图 5-18 所示,随着钢刷厚度的增加,磁场峰值先增大,在交点处钢刷厚度以上才能超过边缘磁场值,之后呈现单调递减的趋势,边缘磁场值则呈现单调递减的趋势,斜率逐渐减小,说明钢刷厚度只在一定范围内才能得到有效的漏磁信号,其选择范围决定是否存在漏磁信号,是重要的影响因素。

6. 改变耐磨片厚度影响分析

如图 5-19 所示,增大的耐磨片厚度会导致磁场值整体变小,漏磁信号逐渐减小,边缘磁场值逐渐增大。耐磨片厚度不可过大。

如图 5-20 所示,随着耐磨片厚度的增加,磁场峰值单调递减,在与信号边缘线交点处在耐磨片厚度以内才能超过信号边缘磁场值,边缘磁场值则呈现单调上升的趋势,说明耐磨片厚度越小,漏磁信号就越好,其选择范围决定是否存在漏磁信号,是重要的影响因素。

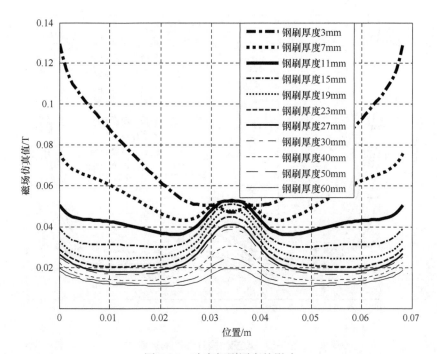

图 5-17　改变钢刷厚度的影响

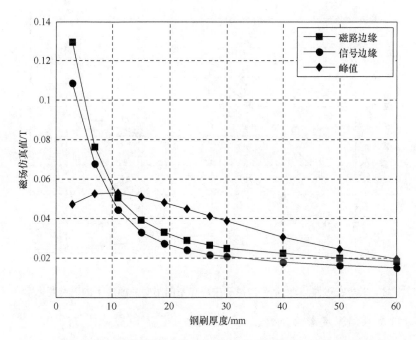

图 5-18　在磁路边缘、信号边缘和中心点不同钢刷厚度下的磁场变化率

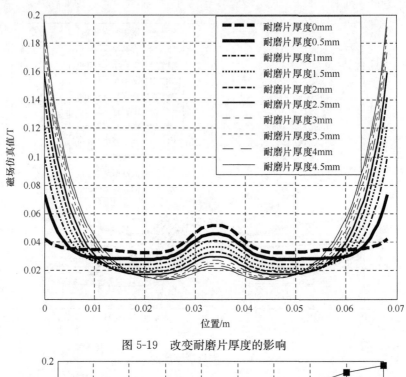

图 5-19　改变耐磨片厚度的影响

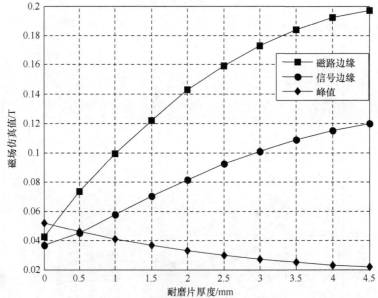

图 5-20　在磁路边缘、信号边缘和中心点不同耐磨片厚度下的磁场变化率

7. 改变缺陷深度影响分析

如图 5-21 所示,增大缺陷深度会导致漏磁信号逐渐增大,边缘磁场值基本不

变。随着缺陷深度逐渐加大,漏磁信号的宽度也略有增大。

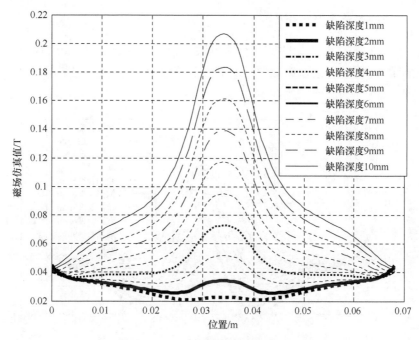

图 5-21　改变缺陷深度的影响

如图 5-22 所示,随着缺陷深度的增加,磁场峰值单调递增,边缘磁场值基本不

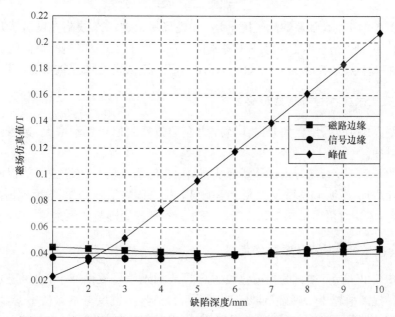

图 5-22　在磁路边缘、信号边缘和中心点不同缺陷深度下的磁场变化率

变,说明通过中心磁场峰值可以反映出磁场深度上的变化。

8. 改变缺陷长度影响分析

如图 5-23 所示,增大缺陷宽度会导致漏磁信号逐渐增大,边缘磁场值基本不变。随着缺陷深度的加大,漏磁信号的宽度显著增大,增大到一定范围时峰值出现平台趋势。

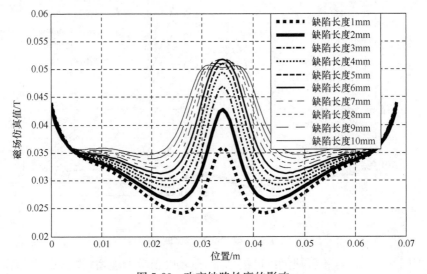

图 5-23　改变缺陷长度的影响

如图 5-24 所示,随着缺陷长度的增加,磁场峰值递增至缺陷宽度较大后缓慢减小,边缘磁场值基本不变,说明只有缺陷信号较宽时才会出现峰值的平台现象,且边缘磁场值和信号边缘磁场值有较大区别,可以用于判断缺陷类型,是重要的参考因素。

9. 改变永磁体材料属性影响分析

如图 5-25 所示,增大的永磁体矫顽力会导致漏磁信号逐渐增大,边缘磁场值同比例增加。

如图 5-26 所示,随着永磁体矫顽力的增加,磁场峰值与边缘磁场值以相同的斜率线性增加,说明调整矫顽力大小不能显著提高漏磁信号,但能均衡地提高整体环境磁场,需要对更多材料参数进行描述才能找到显著影响的因素。

10. 改变提离值大小影响分析

如图 5-27 所示,增大的提离值位置会导致漏磁信号逐渐减小,边缘磁场值显著增大。提离值越小,漏磁信号峰值出现平台趋势,但宽度基本保持不变,因此在条件允许的情况下,应尽可能减小提离值,获得显著的漏磁信号。

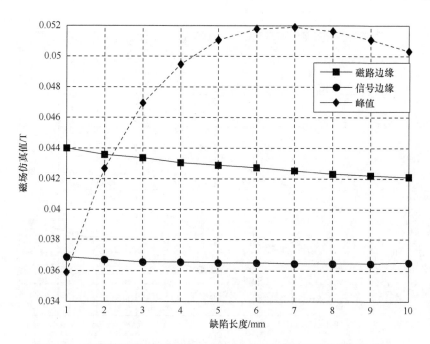

图 5-24　在磁路边缘、信号边缘和中心点不同缺陷长度下的磁场变化率

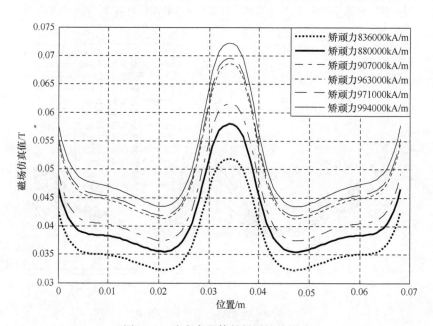

图 5-25　改变永磁体材料属性的影响

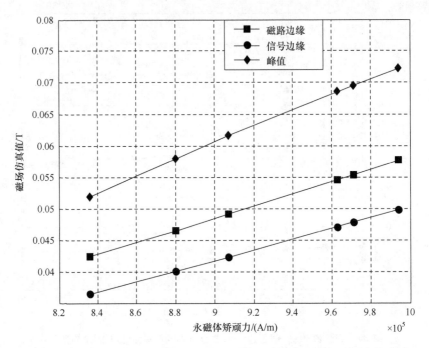

图 5-26　在磁路边缘、信号边缘和中心点不同永磁体材料属性下的磁场变化率

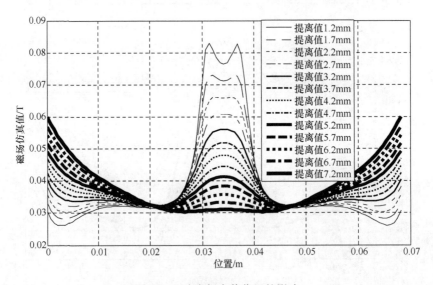

图 5-27　改变提离值位置的影响

如图 5-28 所示,随着提离值的增加,磁场峰值呈线性递减趋势,边缘磁场值呈线性递增趋势,并与峰值交汇,说明只有较小的提离值才可使漏磁信号明显表现出来,因此提离值是重要的参考因素。

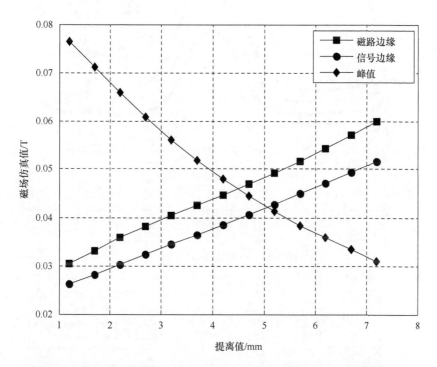

图 5-28　在磁路边缘、信号边缘和中心点不同提离值位置下的磁场变化率

11. 改变管壁厚度影响分析

如图 5-29 所示,增大管壁厚度会导致漏磁信号逐渐减小,边缘磁场值逐渐减小,信号宽度也逐渐减小。可以看出,随着管壁的加厚,产生的漏磁场越来越弱,最终趋于平坦。

如图 5-30 所示,随着管壁厚度的增加,磁场峰值呈递减趋势,边缘磁场值随也呈递减趋势,但斜率要小很多,因此在交点以上的峰值将低于边缘磁场值,说明管壁的厚度严重影响漏磁场的大小,过厚的管壁可能无法检测到漏磁信号。

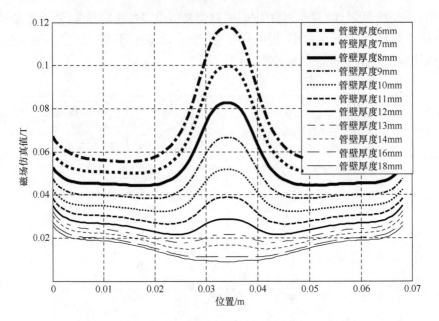

图 5-29　改变管壁厚度的影响

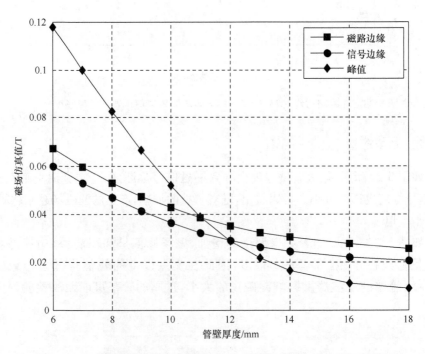

图 5-30　在磁路边缘、信号边缘和中心点不同管壁厚度下的磁场变化率

5.2.4 二维磁路仿真各因素影响程度汇总

通过 11 个影响因素的单因素分析,可以得到表 5-1。

表 5-1 磁路影响因素对比

序号	影响因素	峰值影响	边缘影响	峰值边缘变化率比	信号宽度	最佳值	优选程度
1	铁辊厚度	较大	不大	大于 1	不变	越大越好	＊＊＊＊
2	永磁体厚度	较大	不大	大于 1	不变	越大越好	＊＊＊＊
3	永磁体长度	较大	较大	等比例	不变	大优于小	＊＊
4	永磁体间距	较大	较大	部分大于 1	变小	适中	＊＊
5	钢刷厚度	较大	较大	部分大于 1	不变	适中	＊＊＊
6	耐磨片厚度	较小	较大	小于 1	不变	越小越好	＊＊＊
7	缺陷深度	较大	不变	大于 1	不变	越大越好	＊＊
8	缺陷长度	较大	不变	大于 1	变大	越大越好	＊＊
9	永磁体材料属性	较大	较大	等比例	不变	越大越好	＊＊
10	提离值大小	较大	较大	部分大于 1	不变	越小越好	＊＊＊＊
11	管壁厚度	较大	较大	部分大于 1	变大	越小越好	＊＊

因此,在初始设计时可参考各个因素的变化范围,待确定设计后,优化过程中可重点关注可优选的参数,保证在有限的尺寸内实现漏磁信号的最大化。

5.2.5 二维仿真结果在试验样机磁路的应用

设计出能够使钢管磁化的磁回路二维有限元仿真模型后,还需要根据被检测管道的尺寸调整各个参数值,从中选择提取出最优方案。通过改变多种结构尺寸,可以影响整体磁路的系统性能,从而确定影响磁路的重要参数。因此,在已有的仿真模型基础上进行系统分析,得到二维磁路系统关键因素对磁路设计的影响,这些关键参数有铁辊厚度、永磁体厚度、永磁体长度、永磁体间距、钢刷厚度、耐磨片厚度、缺陷深度、缺陷长度、永磁体材料属性(永磁体矫顽力)、提离值位置、管壁厚度等。根据一定范围内变化单个关键参数,得到各个参数改变情况下的漏磁场信号,在得到关键参数影响因素的基础上,结合被检测管道内径限制,设计出试验样机漏磁检测磁路,得到铁辊径向厚度、轴向长度,永磁体径向厚度、轴向长度,永磁体间距,磁垫厚度,耐磨垫厚度的具体指标。设计时能够保证径向总厚度给中心骨架和浮动结构有预留,既保证中心骨架的厚度,又使每个磁回路有一定上下浮动的空间,适应管道缩径的变化。永磁体之间要为安装封装传感器单元留出余量。

5.3　三维漏磁磁路仿真设计

在二维磁路仿真的基础上,应用三维仿真技术,其在精度上大大高于二维仿真,计算量和难度也比二维仿真高。采用三维有限元仿真技术实现漏磁内检测器磁路优化设计,针对其技术难点,利用结构对称性特点降低网格计算数量,采取平面切割优化剖分方法解决网格剖分难点,通过全六面体网格设计节约计算时间,提高计算精度,通过后处理得到磁路磁化水平及各项性能指标,并通过实测数据检验三维仿真的精度,为磁路优化设计和验证提供解决方案。

5.3.1　三维有限元仿真磁路结构

由于二维仿真是将二维平面建模绕对称轴旋转一周后得到的模型,因此只能进行整圈缺陷槽仿真,且整圈磁路很难进行仿真与实测的验证,无法确定仿真精度,因此只能定性地分析影响磁路的主要参数。要得到更精确的仿真结果,对磁路参数定量分析优化,需要进行三维有限元仿真设计。

三维有限元仿真设计流程主要通过模型设计、属性设置、网格剖分、边界条件加载、计算和后处理组成。其中,模型设计决定计算空间的大小,影响总体网格数量;网格剖分是实现磁场计算精度的关键,网格数量越多,计算精度越高,同时造成计算时间越长,而且网格尺寸和形状的设计更是影响仿真能否顺利进行的关键;属性设置决定计算中代入的相关参数是否正确;边界条件加载与模型设计直接相关,决定计算的正确性;后处理功能可以实现磁路性能的检验,得到管道磁化水平的指标。因此,要实现三维有限元仿真设计,需要攻克上述各个方面的难点,通过合理的设计,达到既提高精度又节约计算时间的目的。

由管道漏磁检测原理可知,要产生覆盖管壁一周的磁化回路,需要由多组磁回路进行平行磁化,每组磁回路产生的磁力线在管壁中沿轴向平行分布。因此,可以将整圈磁回路简化成单个磁回路进行仿真,当缺陷出现在这个磁回路中时,会产生泄漏磁场,获取缺陷上方磁场的数据信息,能够分析得到缺陷特征,实现缺陷识别的功能。

为了简化设计,避免大数据量计算,三维有限元仿真可采用单块磁路结构,与实际使用中的整圈磁路磁化有所差别,不能完全替代整个漏磁检测单元。

单个磁回路的仿真结构如图 5-31 所示。由于每个磁路占整圈磁路的几分之一,为了保证整圈磁路在最小管壁直径的情况下能够压缩到最小间隙,磁路中的铁辊、磁垫都设计为梯形六面体,永磁体由于材料加工的困难设计为长方体,这样的结构增加了三维仿真模型结构和网格剖分设计的难度。

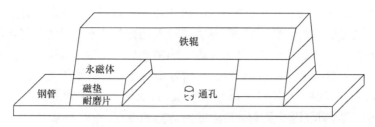

图 5-31 单个磁回路仿真结构示意图

为了解决三维模型网格多、计算量大的问题,考虑到模型沿轴向中心平面对称,利用对称性建立图 5-31 的 1/2 模型,简化后的三维模型如图 5-32 所示,铁辊、永磁体、磁垫、耐磨片、钢管和缺陷都利用原有尺寸的 1/2 进行建模。模型中各种参数利用二维有限元仿真计算得到的试验样机的相应参数进行设置,保证三维有限元仿真与试验样机磁路的一致性。

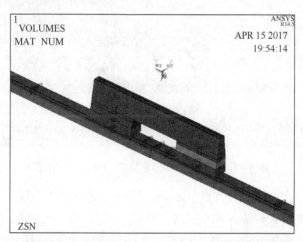

图 5-32 单个磁回路 1/2 模型三维仿真结构图

在图 5-32 的设计中,不但考虑了铁辊与磁垫的梯形六面体结构、永磁体的长方体结构,还增加了磁垫下面耐磨片的导轨设计。这样的设计更贴近于实际使用,精度更高,建模难度也更大。采用 1/2 模型的设计方法适用于坐标平面对称的模型,直接减少 1/2 的网格数,能够节约至少 1/2 的计算时间,而且其结果与全模型完全一致,在保证精度的前提下大幅提高了仿真的效率。

5.3.2 三维有限元仿真优化剖分技术

管道漏磁检测磁路仿真设计中最大的难点是网格剖分,由于缺陷尺寸很小而计算空间很大,网格剖分中会出现大结构中存在极小结构的问题,直接设置自动剖分计算无法采用六面体网格,只能用四面体网格。六面体网格上有 20 个计算节点,而四面体网格上只有 8 个计算节点,网格计算精度低,且四面体尖角处过多会报错,使仿真无法进行。然而,由于小缺陷附近的磁场变化最剧烈,需要进一步细化剖分,通常 1mm 尺寸至少要分为 4 段才能更准确地反映磁场的变化,否则由于网格点太少,磁场变化曲线会出现折线,精度不满足要求。如果统一采用最小分辨率为 0.25mm 的网格,会造成网格数量巨大,计算也无法正常进行,因此,如何将大网格与小网格结合设计是漏磁检测磁路仿真的难点。

通过对三维结构的分析和网格剖分方法的研究,可采用坐标平面切割结构的方法,将不规则结构切割为规则结构,再按照不同剖分尺寸分别进行设置,有效地解决这个问题。在建模过程中,沿所有结构的边缘面进行 xy 平面、yz 平面和 xz 平面的切割,使所有结构都由许多个六面体块组成,之后对每块都采用均匀六面体网格进行剖分,切割后的结构如图 5-33 所示。

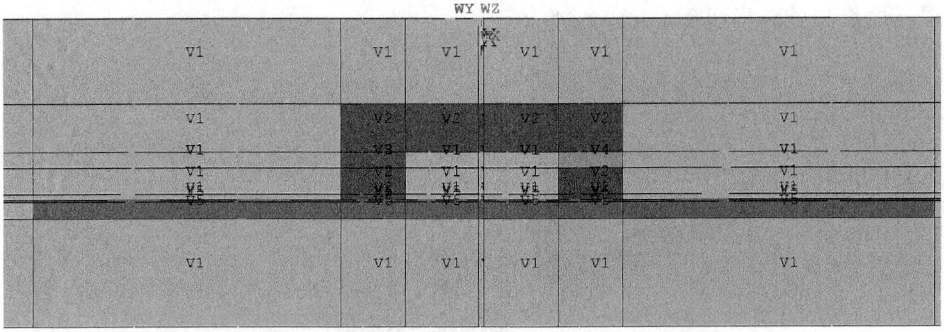

图 5-33 利用平面切割磁路模型方法进行建模

这样处理的优点是一旦确定了缺陷处的网格剖分个数,可以将缺陷所在的平面内所有结构块均进行统一尺寸的均匀六面体剖分,而不与缺陷在一个平面的网格可以设计成其他尺寸,也用统一的六面体网格进行剖分,这样既保证了缺陷处的剖分精度,又使大网格与小网格结合,减少不必要的计算,同时由于统一采用均匀六面体网格,计算精度高,计算机网格建模剖分时间短,计算不易出错。

同时,这种设计使每部分材料属性的设置和选择复杂化,需要对三维结构认识和分析透彻。图 5-34 为网格剖分后的仿真设计,不同灰度代表不同的材料属性。可以看出,整体结构网格剖分整齐,缺陷处网格剖分精细,整个剖分过程不到 1min,总网格数和计算节点数既保证了计算精度,又节约了剖分时间,有效地解决了三维有限元仿真网格剖分的难点。

三维有限元仿真最大的难点是网格剖分技术。采用模型切割方法可以将缺陷与其他结构分割开,缺陷处线上剖分精度达到 0.5mm,有效保证了缺陷处磁场的计算精度;统一采用高精度的六面体剖分单元,既不影响缺陷处的剖分精度,又避免不必要的剖分节点,不但保证剖分的顺利进行,还能同时实现精度高、计算时间

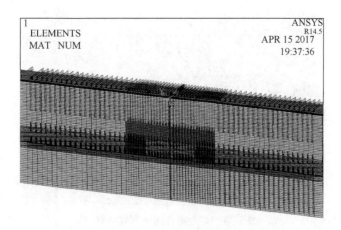

图 5-34　三维有限元仿真优化剖分结果图

短等优点,为后续模型参数调整优化提供了保障。

5.3.3　三维有限元仿真的计算和后处理

模型建立完成后,通过设置边界条件和选用适合的单元类型,可以计算出每个网格点上的磁场数据。可选用 solid236 单元,能够计算磁矢量位,适用于静态磁场的仿真计算。设置平行边界条件,使计算空间的边界磁场值为 0,磁力线在到达边界时会平行于边界分布,针对本次设计的 1/2 模型,相当于两个完全相同的模型在对称平面拼接在一起,因此能够反映全模型的特性。通过以上设计,三维仿真的精度得到了保障,有效地提升了仿真的效率,为后续调整优化参数提供了可行性。

漏磁检测磁路三维仿真的后处理包含各项实际应用时关心的指标,这些指标包括一定高度提离值上轴向和径向磁场强度的分布、整体结构的磁场分布、永磁体的磁场特征,以及钢管内部的磁化强度。其中,钢管内部的磁化强度是判断漏磁检测磁路设计磁化水平的重要指标,是实际测量中无法直接测试得到的,但可通过仿真获得。

在验证三维仿真有效性和精度的基础上,能否达到成熟产品的磁化水平是本次磁路设计的评判指标。

漏磁检测磁路性能主要通过后处理得到相关磁场数据和结果图。根据实际需要,提取距离管壁内测某距离提离值处空气中的测线,测线位于缺陷的正上方,可以反映出漏磁场在轴向和径向的分布情况,测线位置图如图 5-35 所示。测线上轴向和径向磁场分布如图 5-36 所示。

由图 5-36 可知,轴向磁场在测线两端较大,之后逐渐减小,当位于缺陷边缘附近时,磁场开始增大,在中心点处达到最大值。这是由于从两端开始,大部分磁力

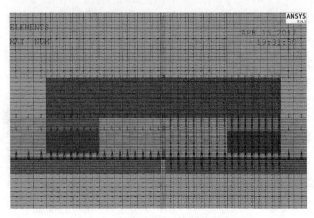

图 5-35　某距离提离值测线位置图

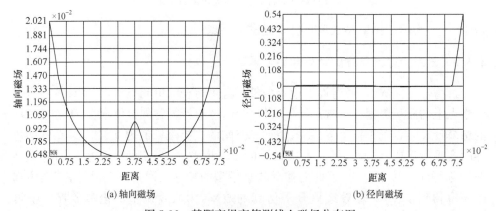

(a) 轴向磁场　　　　　　　　　　　　　(b) 径向磁场

图 5-36　某距离提离值测线上磁场分布图

线由磁垫引导进入钢管内部,完整的钢管外漏磁场很小;当缺陷存在时,缺陷处钢管变薄,部分磁力线穿出钢管,在外空气中形成漏磁场,经过缺陷后,磁力线又进入钢管通路。因此,轴向磁场呈现出轴对称的形状。

　　径向磁场两端的磁场值很大,反映的是从磁垫导向钢管的过程,中间区域仅在缺陷边缘磁力线出钢管和进钢管时达到峰值,且方向相反,因此呈现出中心对称的形状。

　　三维有限元仿真不但可以获得结构体外可测量范围内的磁场分布数据,还可以得到模型内部的磁场分布情况,通过整个模型的磁场强度分布能够更清晰显示磁回路中的磁场分布情况。

　　结合图 5-37 和图 5-38 可知,磁力线是从一个永磁体 N 极出发,经由磁垫进入钢管,再由钢管进入另一个磁垫,到达另一个永磁体的 S 极,并由这个永磁体的 N 极出发,经由铁辊达到之前的永磁体的 S 极,形成了一个闭合的完整磁回路。在图 5-37 和图 5-38 中,空气中漏磁场的强度量级远小于管壁内的磁场强度。但大于无缺陷处钢管外空气中的磁场强度,说明本设计可以计算出漏磁场。

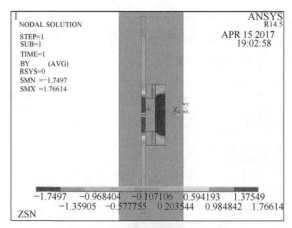

(a) 轴向磁场

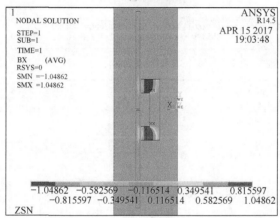

(b) 径向磁场

图 5-37　三维模型磁场分布标量图

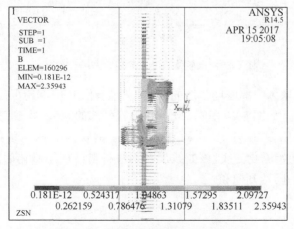

图 5-38　三维模型磁场分布矢量图

图 5-39 给出永磁体内部磁场的分布情况,两个永磁体内部磁力线沿径向均匀分布,可以根据设置永磁体矫顽力和磁导率更改永磁体属性,并根据实际生产的永磁体属性进行调节,来提高磁路的性能。

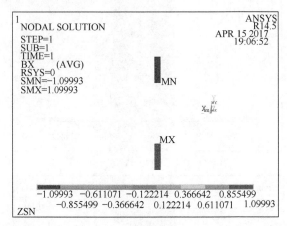

(a) 标量磁场

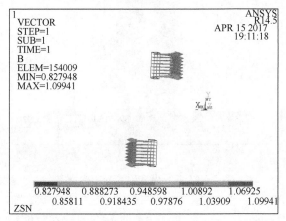

(b) 矢量磁场

图 5-39　永磁体三维模型径向磁场分布图

除了得到永磁体内部磁场强度的分布,三维有限元仿真还可以得到钢管内部磁场强度的分布。如图 5-40 所示,取一条钢管内部的测线,得到磁路对钢管磁化情况的分析。由图 5-40 可知,这种磁路可以使钢管内部达到预期的磁场强度。图 5-41 是钢管初始磁化曲线,该曲线反映钢管材料被初始磁化后的磁场强度,可以看出,磁化水平已达到饱和。

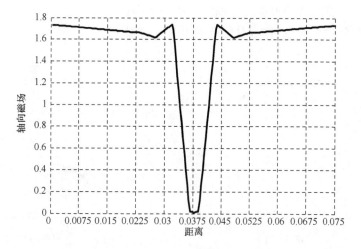

图 5-40　钢管内部轴向磁场分布图

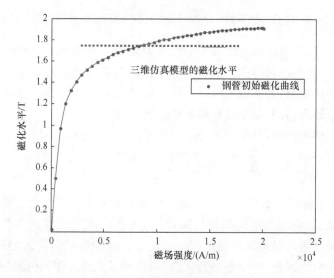

图 5-41　钢管初始磁化曲线图

基于以上结果,后处理能够得到漏磁检测磁路的各项性能指标,说明三维有限元仿真能够完成漏磁检测磁路模型的设计并计算出相关的磁路性能指标,为磁路设计的验证和评判提供数据支持。

5.3.4　三维有限元仿真有效性验证

在管道漏磁内检测器的研制过程中,磁路和结构设计之间存在密切的关系,由于受到结构设计等制约,因此需要设计出符合结构要求的漏磁内检测试验样机磁路。

为了验证仿真结果的有效性,试制与仿真参数一致的试验样机的单个磁路,并分别对单个磁路的某距离提离值轴向磁场和径向磁场进行仿真计算和实物测试，将仿真与实测数据进行对比，对比结果如图 5-42 所示。

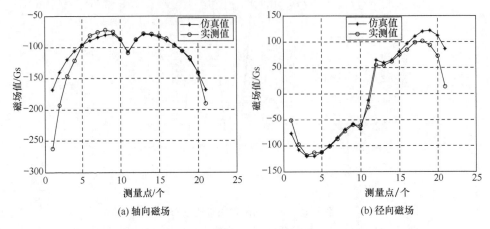

(a) 轴向磁场　　　　　　　　　　　　　　(b) 径向磁场

图 5-42　试验样机磁路三维有限元仿真与实测轴向、径向磁场对比图

其中，轴向和径向磁场边缘数据不符主要是由于实际试验样机的结构包含浮动机构连接件，具有不对称性。仿真与实测验证主要对比实际测得与仿真计算所得的轴向磁场峰峰值、径向磁场峰峰值和通孔中心轴向磁场值。通过传感器测量的漏磁场信号较弱，容易受电气影响淹没在噪声中。

为了验证模型精度，可采用式(5.17)进行模型误差的计算：

$$\mathrm{err} = \sqrt{\left[\sum_i \left(\frac{B_{mi} - B_{ci}}{B_{mi}} \right)^2 \right] \Big/ N} \tag{5.17}$$

式中，B_{mi} 表示实际测量的第 i 个空间点的磁场值；B_{ci} 表示有限元计算的第 i 个空间点的磁场值，对应点的空间坐标相同；N 为每条测线上的测量点数。计算得到轴向磁场数据误差和径向磁场数据误差。通过计算缺陷信号附近的磁场数据，再计算轴向磁场数据误差、径向磁场数据误差，证明了三维有限元仿真的有效性。

提取模型中钢管内部的磁感应强度值，得到钢管的磁化强度已达到成熟产品要求，试验样机磁路设计已经基本实现钢管的磁化饱和。鉴于试验样机磁路联合传感器单元进行测试时，发现缺陷信号较弱，而传感器单元在设计上的缺陷信号动态范围还有一定余量。因此，为了进一步提高缺陷信号的检测精度，在磁路设计上还有提高的空间，有必要进行相关参数的调整和优化，加强系统对管道的磁化强度，适当提高缺陷信号的幅值。

5.3.5　三维有限元仿真优化后结果分析

经过多次磁路仿真优化，最终得到一组最优参数，并根据参数值进行磁路再生产。生产后仍然对单个磁路进行某距离提离值的磁场测试,分别测量轴向磁场和径向磁场,将仿真与实测进行对比,对比结果如图 5-43 所示。

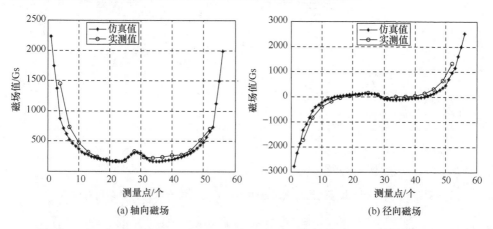

　　(a) 轴向磁场　　　　　　　　　　　　　　　　　(b) 径向磁场

图 5-43　优化后磁路某距离提离值三维有限元仿真与实测轴向、径向磁场对比图

由图 5-43 可知,轴向和径向磁场边缘数据不符主要是由于实际生产的磁路结构包含浮动机构连接件,具有不对称性。通过对比实际测得与仿真计算的轴向磁场峰峰值、径向磁场峰峰值和通孔中心轴向磁场值,已明显优于试验样机磁路设计。

通过式(5.17)验证模型精度,得到模型轴向磁场数据误差、径向磁场数据误差。针对缺陷处的磁场值,再次得到模型轴向磁场数据误差与径向磁场数据误差。

提取模型中钢管内部的磁感应强度值达到成熟产品要求,磁化水平明显优于试验样机,说明磁路优化设计实现了磁化水平的提升,可以作为正式的磁路结构进行投产。

结合两次仿真与实测对比试验,可知仿真数据与实测数据对比计算误差均在合理范围以内,可以根据仿真结果比对出优化前后磁路的各项指标性能。将某距离提离值测线上轴向磁场数据和径向磁场数据分别进行比对,得到的结果如图 5-44 所示。

由图 5-44 可知,轴向磁场优化后漏磁信号峰峰值增大为试验样机的 5 倍,径向磁场峰峰值增大 3 倍以上,且缺陷边缘比功能样机更明显地出现漏磁场信号,这对于传感器检测缺陷边缘非常重要。

将管壁内的磁饱和情况进行比对,得到如图 5-45 所示的结果。从图 5-45 可知,两套磁路设计均达到成熟产品水平,优化后钢管内的磁化水平有明显提高,缺陷中心的磁场值增大 3 倍,说明优化后磁路饱和度更高,抗噪声能力更强,达到了预期效果。

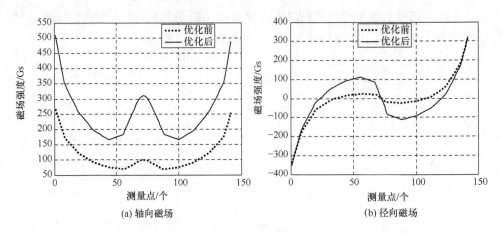

(a) 轴向磁场　　　　　　　　　　　　(b) 径向磁场

图 5-44　试验样机与优化后磁路某距离提离值三维有限元仿真结果对比图

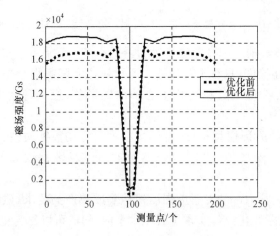

图 5-45　试验样机与优化后钢管内部磁化水平对比图

利用三维有限元仿真方法可以实现管道漏磁内检测器磁路的优化设计,通过解决三维仿真中建模与剖分的难点,提高计算精度的同时节约计算时间,实现本次仿真设计高精度、高效率、低成本等特点,计算得到磁路的相关性能指标。

优化前后各项关键指标都与实测值相吻合,证明了仿真的有效性和准确性;优化后各项指标都有明显提升,磁化水平与成熟产品水平相符,说明采用三维有限元仿真方法能够实现高精度的磁路仿真设计,能够指导产品的研制。

5.4　磁性材料测试方法

磁性材料是指应用中要求具有铁磁性或亚铁磁性的一些物质。公认磁性材料分为两类,即软磁材料(矫顽力=1kA/m)和永磁(硬磁)材料(矫顽力>1kA/m)。

漏磁内检测器组成磁路的磁性材料有磁路铁辊、钢管、永磁体和耐磨垫等,其中,铁辊、钢管、耐磨垫属于软磁材料,永磁体属于硬磁材料。为了提高磁路设计的准确性,需充分了解和掌握磁路材料的磁性参数。本节重点针对磁路的主体软磁材料磁性测试方法进行介绍。

5.4.1　环样法测定磁性能

1. 适用范围

该方法适用于磁场强度在 10kA/m 以下的情况。但是在能避免试样发热的情况下,本方法也适用于更高的磁场强度,是一种适用于获得正常磁化曲线和磁滞回线的方法。

2. 测量温度影响

应注意防止试样过热。测量应在(23±5)℃的环境温度下进行[1]。试样的温度应不超过 50℃,该温度应有传感器监测保证。

对温度特别敏感的材料,可根据产品标准规定更低或更高的试样温度。

3. 试样

试样是横截面为矩形或圆形的未经焊接的均匀圆环。环样的横截面积由产品、磁性能的均匀性、所用设备的灵敏度以及测试线圈所需的空间决定。通常横截面积为 $100\sim500\text{mm}^2$。

制备试样时应防止材料加工硬化和受热,避免影响磁性能。整体实心环样可通过车削加工制备,并最终研磨抛光,加工时要充分冷却以防止试样发热。环样的棱边应去除毛刺。

为了减小磁场强度径向变化的影响,环样尺寸应满足如下公式:

$$D \leqslant 1.1d \tag{5.18}$$

式中,D 为试样的外径,单位为 m;d 为试样的内径,单位为 m。

用适当的千分尺或游标卡尺测量环样尺寸,即内径、外径和高度。平均横截面积计算值对应的测量不确定度在±0.5% 范围内。

试样的平均磁路长度由式(5.19)计算,计算值对应的测量不确定度在±0.5% 范围内:

$$L = \pi \frac{D+d}{2} \tag{5.19}$$

式中,D 为试样的外径,单位为 m;L 为试样的平均磁路长度,单位为 m;d 为试样的内径,单位为 m。

【例 5.1】　本次测量 X65 型钢管试样,材料试样尺寸为内径 40mm,外径 50mm,高 5mm。计算平均磁路长度为 0.141m,并未严格满足式(5.18)。

4. 绕组

绕线前,可先从铁心上引出一条导线,以备绕组绝缘性的后续检查;然后可以在试样表面直接安放一个温度传感器,再在环样上附上一层薄的绝缘材料。

首先,在铁心上均匀紧密地用绝缘铜线绕制次级绕组,测定次级绕组的尺寸并计算其平均横截面积 A。

然后,在铁心上均匀紧密地绕一层或多层绝缘铜线,制成磁化绕组,磁化绕组应能负荷额定的最大磁化电流,其绕线匝数应足以产生出所需的最大磁场强度。磁化绕组可由以下方式构成:

(1) 单条导线均匀紧密地沿整个环样绕很多匝;

(2) 多股芯线缆均匀紧密地沿整个环样相对少绕一些匝数,各股芯线的两端相互连接形成多层绕组的效果;

(3) 用刚性或半刚半柔的装置,相应的导线可按接插的方式打开,并可安放带次级绕组和绝缘层的环样,闭合后的导线形成一个沿环样均匀绕线的磁化绕组。

若有必要,将已绕线的环样浸入油槽或以鼓风机吹风冷却。

需要注意的是,对于任何采用上述均匀绕制次级绕组方式的环样测试,螺旋绕制的线圈将形成一个与环样平均直径等效的圆形回路,并因此产生误差,该误差可能被放大而造成显著影响。

由磁化绕组和次级绕组的等效圆形回路之间交互感应产生的磁通量,与同环样轴平行方向的磁通量一起,对环样周长方向的磁通量有增加或减小的影响。当磁化绕组采用多股芯线缆时,此附加交互感应与芯线的股数成正比。特别地,在高磁场强度和试样磁导率较低时,上述误差可能达到百分之几。为消除该误差,在绕制次级绕组时,可沿环样平均直径对应的周长回绕一圈,或磁化绕组按偶数层绕制,并且沿环样以顺时针和逆时针方向交替进行。

【例 5.2】　本次测量 X65 型钢管试样,采用 0.44mm 直径的绝缘铜线绕组,次级绕组 20 匝,磁化绕组 850 匝,但本次绕组的顺序是先绕磁化绕组,再绕绝缘层,然后绕次级绕组,下次测量时应反过来,这样可以减小测量误差。

5. 环样测量方法

1) 磁场强度

磁化电流的测量不确定度应在±0.5%范围内。磁场强度按式(5.20)计算:

$$H = \frac{N_1 I}{L} \tag{5.20}$$

式中,H 为磁场强度,单位为 A/m;I 为磁化电流,单位为 A;L 为环样平均磁路长度,单位为 m;N_1 为磁化绕组的匝数。

【**例 5.3**】 本次测量的磁化绕组为 850 匝,环样平均磁路长度为 0.141m。若想得到 18000A/m 的磁场强度,需要加载的磁化电流为 3A。

2) 磁通密度

次级绕组 N_2(B 线圈)与磁通积分器(电子积分器、冲击检流计或磁通计)连接,校准磁通积分器,相关的测量不准确度应在 $\pm 1\%$ 范围内。

磁通密度的变化按式(5.21)计算:

$$\Delta B = \frac{K_B \alpha_B}{N_2 A} \tag{5.21}$$

式中,A 为环样的横截面积,单位为 m^2;N_2 为次级绕组的匝数;K_B 为磁通积分器校准常数,单位为 V·s;ΔB 为测得的磁通密度的变化,单位为 T;α_B 为磁通积分器的示值。

为便于 ΔB 示值的直接读取,可调节磁通积分器,使 $K_B(N_2 A)$ 的值为 10 的乘方。

3) 设备连接

设备的电路连接如图 5-46 所示。直流电源 E(一个波动量小于 0.1% 的直流稳定电源或者一个电池)的一端通过电流测量装置 A 和转换开关 S_1 连接到环样上的磁化绕组 N_1。如果使用双极电流源,则不需要转换开关 S_1。当开关 S_2 闭合时,磁化电路中的电流由电阻器 R_1 控制。如果使用输出连续可调的稳定电源,则不需要电阻器 R_1。此磁化电路用于测定正常磁化曲线和磁滞回线的顶点。在测定完整磁滞回线的电路中,应使用开关 S_2 和相连的电阻器 R_2。次级电路由磁通积分器及与其连接的次级绕组 N_2(B 线圈)构成。

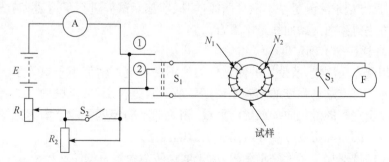

图 5-46 环样法测量磁性能的电路原理图

【**例 5.4**】 本次测量软磁材料的基本磁化曲线,是由许多个磁滞回线的顶点测量后相连接得到的。

4) 正常磁化曲线的测定

试样应仔细退磁,从磁场强度不小于 5kA/m 开始,反复换向,并逐渐降低退磁场。测试前经受过较高磁场强度的试样(如使用磁性夹具加工试样的情况),应从高于该磁场强度开始退磁。

校准磁通积分器后,闭合 S_2,用以下两种方法之一测定正常磁化曲线。

(1) 连续记录法。

使用此方法时,连接磁通积分器的输出端与 X-Y 记录仪、绘图仪或计算机接口的 Y 轴端口。与磁化绕组串联一只带有两个电流接线端和两个电压接线端的经校准的低值电阻器(即 0.1Ω 或 1Ω)。该电阻器的电压接线端应与 X-Y 记录仪、绘图仪或计算机接口的 X 轴端口连接。可对整个系统进行校准,直接在记录仪、绘图仪或计算机界面给出磁通密度和磁场强度的数值。

磁化电流应从零开始稳定增大,直至达到产生所需要的最大磁场强度的电流值,然后在 X-Y 记录仪、绘图仪或计算机界面上绘制出磁化曲线。

(2) 逐点记录法。

在磁化绕组 N_1 中按式(5.20)接一个对应低磁场强度的小电流,该电流应通过转换开关 S_1 反复换向 10 次,使材料进入稳定循环状态。在此操作过程中,应保持开关 S_3 闭合,使磁通积分器示值为零。断开开关 S_3,记录对应磁场换向的磁通积分器示值,并计算相应的磁通密度。

持续增加电流,重复上述操作,即可获得一组磁场强度和磁通密度的对应值,并以此绘制出正常的磁化曲线。

上述测量过程中,不应出现减小磁化电流的情况,否则应对试样退磁,重新测量。

【例 5.5】 本次软磁材料磁性测量中,分别采用连续记录法测量正常磁化曲线,采用逐点记录法测量基本磁化曲线,测试前都对试样进行了退磁,测试结果显示两种方法得到的两条曲线基本重合。

5) 环样法的不确定度

当用逐点法测量,所使用的测量仪器的不确定度评估值小于或等于 $\pm1\%$ 时,测定磁通密度或磁场强度的不确定度期望值通常是在 $\pm2\%$ 范围内。如果用连续记录法测定完整的磁化曲线或磁滞回线,相关的不确定度可能会因为记录系统或计算机接口的不确定度分量和分辨率的影响而增大。

由于温度变化会影响测量结果,应采取预防措施避免试样发热。

【例 5.6】 实际测量中,X65 钢管材料已出现发热现象。当 $N_1=300$ 时由于要加到 18000A/m 的磁场强度,所以电流较大,曾烧坏绝缘层;调整 $N_1=850$ 后,该情况缓解。X65 钢管测试的磁化曲线如图 5-47 所示。

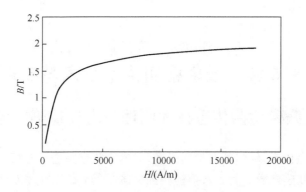

图 5-47　X65 型钢管试样磁化曲线

5.4.2　小结

本节阐述了利用环样法测定软磁材料直流磁性能的方法。该方法适用于磁场强度 10kA/m 以下及试样未发热情况下更高磁场强度的测量。根据需要测量的最大磁场强度值,计算得到试样的尺寸、次级线圈与磁化线圈的绕组匝数,采用连续法或逐点法测量得到正常磁化曲线或基本磁化曲线。需要注意的是:①环形试样内外径不要做倒角,以免影响截面积;②试样磁化过程中要避免试样发热,影响测量精度,电流过大是导致试样发热的主要原因;③磁化前一定要先退磁,若试样曾经加过较大磁场,退磁要从超过这个磁场值开始。

参 考 文 献

[1] 宝山钢铁股份有限公司,东北特钢集团大连精密合金有限公司,冶金工业信息标准研究院.软磁材料交流磁性能环形试样的测量方法(GB/T 3658—2008).北京:中国标准出版社,2009.

第6章　漏磁检测传感技术与实现

6.1　漏磁检测传感技术原理与内外缺陷区分原理

　　管壁饱和磁化后,缺陷处产生漏磁场,漏磁检测就是通过分析漏磁场信号的特征来确定管道缺陷参数。为了获得检测漏磁场信号,需要通过传感器将其转换为电信号,并进行处理和存储,以便后续对其进行分析和处理。漏磁场的本质是磁场,因此通过能测量磁场大小的传感器即可检测漏磁场信号。

　　管道内壁和外壁缺陷都能产生漏磁场信号,单靠漏磁信号不易区分缺陷在管道内外壁的位置。但是要精确量化缺陷尺寸参数又需要知道缺陷在内外壁的位置,因为两种缺陷的尺寸量化所用方法不同;另外,管道业主也关心缺陷在管道内外壁的位置,内壁和外壁缺陷成因不同,预防、维护和维修措施也不同,因此还需要额外的内外壁缺陷区分传感器。

　　本节首先介绍常用的漏磁检测用测磁传感器及其检测传感原理,然后介绍与漏磁检测配合的内外壁缺陷区分传感器及其检测传感原理。

6.1.1　漏磁场检测传感技术原理

　　能够测量磁场的传感器有很多,但并不都适合漏磁内检测。根据漏磁内检测的特点,除了需要满足磁场测量范围、测量精度、灵敏度和动态响应等要求外,传感器还应满足以下两点:

　　(1) 体积小。漏磁检测需要用大量的测磁传感器沿管道圆周方向排列,对漏磁场进行扫面检测。传感器间距越小,检测分辨率越高,因此测磁传感器体积越小越好,越容易组成传感器阵列。

　　(2) 功耗低。漏磁内检测采用电池供电,电能有限,而测磁传感器数量较大,因此功耗越低越有利。

　　能满足以上两点的测磁传感器,主要是一些元器件(芯片)级别的传感器,包括感应线圈、霍尔传感器、磁电阻效应传感器(包括各向异性磁电阻传感器、巨磁电阻传感器等)、磁敏电阻、磁敏二极管等。其中,感应线圈和霍尔传感器在漏磁检测领域的应用最广泛。

　　1. 感应线圈

　　感应线圈测量漏磁场信号的原理如图 6-1 所示,线圈沿管道轴向 x 轴方向运

动,则线圈中的感应电动势为

$$E = NA\cos\theta \frac{\mathrm{d}B}{\mathrm{d}x} \cdot \frac{\mathrm{d}x}{\mathrm{d}t} \tag{6.1}$$

式中,E 为感应线圈中的感应电动势,即感应线圈输出电压信号;N 为感应线圈匝数;A 为感应线圈的有效面积;θ 为感应线圈轴向与漏磁场方向夹角;B 为漏磁场 x 轴分量;t 为时间;x 为运动位移。

由式(6.1)可知,感应线圈输出信号正比于漏磁场沿 x 轴方向的梯度 $\dfrac{\mathrm{d}B}{\mathrm{d}x}$ 与线圈沿 x 轴方向的运动速度 $\dfrac{\mathrm{d}x}{\mathrm{d}t}$ 的乘积。当感应线圈以恒定方向、稳定的速度检测时,输出电压信号唯一取决于漏磁场信号的变化,如图 6-2 所示。

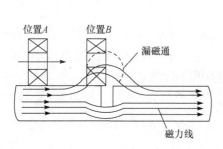

图 6-1　感应线圈测量漏磁场信号

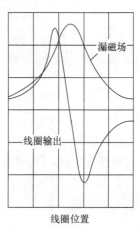

图 6-2　漏磁场与线圈信号

感应线圈具有如下特点:

(1)感应线圈实际上检测的是漏磁场的变化率,无法测量静态磁场,当磁场变化缓慢时,感应线圈很难检测到。利用感应线圈的这一特点,可以消除背景磁场的影响。

(2)感应线圈本身产生感应电动势,无需工作电流,因此功耗很低。

(3)感应线圈输出信号的灵敏可变程度,与检测速度有很大关系,速度越快,检测灵敏度越高,还可以通过增大线圈匝数和面积等方法来增大检测灵敏度。

2. 霍尔传感器

霍尔传感器是利用霍尔效应测量磁场的传感器。

1)霍尔效应

如图 6-3 所示,一块长为 l、宽为 w、厚度为 d 的 N 型半导体薄片,位于磁感应

强度为 B 的磁场中,B 垂直于 l-w 平面。沿 l 方向通电流 I,则 N 型半导体中的电子受到磁场 B 产生的洛伦兹力 F_B 的作用。在 F_B 作用下,电子向半导体一个侧面偏转,在该侧面上形成电子的积累,而在相对的另一侧面上因缺少电子而出现等量的正电荷,两个侧面产生霍尔电场 E_H。

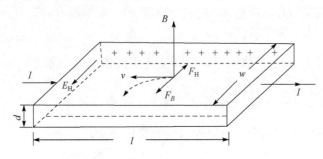

图 6-3　霍尔效应原理

由于霍尔电场 E_H 的存在,N 型半导体片的两侧出现电势差 U_H,称为霍尔电势:

$$U_H = \frac{1}{en} \cdot \frac{IB}{d} \tag{6.2}$$

式中,e 为电子电量;n 为半导体材料载流子(电子)浓度;I 为电流大小,称为控制电流;B 为磁感应强度;d 为半导体材料两侧的距离。

由式(6.2)可见,霍尔电势 U_H 正比于磁感应强度 B,通过测量 U_H 可得到 B,通常将式(6.2)变成

$$U_H = K_H IB \tag{6.3}$$

式中,K_H 称为乘积灵敏度,即在单位控制电流和单位磁感应强度下的霍尔电势。

2) 霍尔传感器原理

霍尔传感器一般将具有霍尔效应的半导体器件(霍尔器件)与相关的电子电路集成在同一片半导体芯片上[1],图 6-4 给出了一种片式集成线性输出霍尔传感器原理示意图,这种传感器将霍尔器件、放大器、输出管等集成在一片芯片上,输出电压与外加磁场呈线性关系。

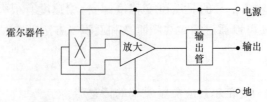

图 6-4　片式集成线性输出霍尔传感器

有的霍尔传感器还集成了稳压器、恒流电路、温度补偿等电路,使磁场测量更加精确。图 6-5 给出了 Allegro 公司的可编程线性霍尔效应传感器原理框图,该传感器集成了霍尔器件以及用于降低霍尔器件固有的灵敏度和偏移漂移的温度补偿电路、信号增益放大器、动态偏移电路以及输出线性化电路,所有功能集成在 3.4mm×5.2mm×1mm 的片式封装芯片中,使用时可以编程的方式调整灵敏度和偏置、带宽、输出钳位以及一阶和二阶温度补偿,非常方便。

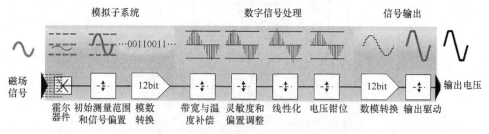

图 6-5 可编程线性霍尔效应传感器

由于采用硅制造集成电路的现有成熟工艺,霍尔传感器具有体积小、可靠性高、稳定性和温度特性好、使用方便等优点,是测量漏磁场的首选传感器。由于测量原理需要在霍尔器件中通过恒定电流,因此霍尔传感器需要消耗数毫安到数十毫安的电流,相对于感应线圈功耗偏高,尤其是漏磁内检测需要采用上百个乃至数百个霍尔传感器组成传感器阵列,总功耗消耗相当明显。

6.1.2 内外缺陷区分原理

漏磁内检测内外缺陷区分通常有涡流检测法和剩磁检测法两种方法。

1. 涡流检测传感原理

涡流检测原理如图 6-6 所示,对线圈通交流电,产生垂直于金属管壁的交变磁场,在金属表面感应出涡电流(简称涡流),涡流形成二次磁场,与线圈产生的初级磁场方向相反。若管壁存在缺陷,将导致涡流变化并通过二次磁场反应到线圈的阻抗变化上。通过检测线圈的阻抗变化,可判断管壁缺陷的情况。

涡流在沿管壁纵深方向的分布并不均匀,集中于管壁表面,随着透入管壁的深度的增加呈指数关系迅速衰减,这种现象为趋肤效应。涡流透入管壁的深度与线圈内交流电的频率 f、金属管壁的磁导率 μ 和电导率 σ 有关,用标准透入深度表示,即涡流密度衰减到管壁表面值的 $1/e=37\%$ 的深度:

$$\delta=\frac{1}{\sqrt{\pi f \mu \sigma}} \tag{6.4}$$

式中,δ 为涡流的标准透入深度;f 为线圈内交流电的频率;μ 为管壁的磁导率;σ 为管壁的电导率。

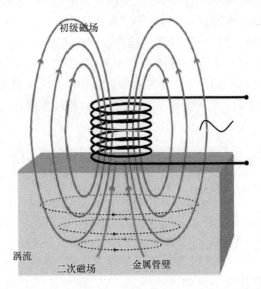

图 6-6　涡流检测原理

　　沿管壁深度超过 3δ 以后,可认为没有涡流效应。由式(6.4)可知,通过控制线圈内交流电的频率,可以控制管壁内的涡流深度,使涡流检测只对管道内表面缺陷敏感,对外壁缺陷不敏感。从而涡流检测只能检测到内壁缺陷,再与漏磁检测信息综合,区分管道内壁和非内壁缺陷。

　　2. 剩磁检测传感原理

　　剩磁的本质也是磁场,但缺陷处的剩磁异常比漏磁场要小很多,因此需要用更高灵敏度和分辨率的传感器进行检测。磁电阻效应传感器的灵敏度和分辨率明显高于霍尔传感器。磁电阻效应传感器可分为各向异性磁阻(AMR)传感器、巨磁电阻(GMR)传感器和磁隧道电阻(TMR)传感器,它们与霍尔传感器的对比见表 6-1。

表 6-1　AMR、GMR、TMR 与霍尔传感器对比

传感器	工作电流/mA	尺寸/mm	灵敏度/[mV/(V·Gs)]	测量范围/Gs	分辨率/mGs
霍尔传感器	5~20	1×1	0.05	1~1000	500
AMR 传感器	1~10	1×1	1	0.001~10	0.1
GMR 传感器	1~10	2×2	3	0.1~30	2
TMR 传感器	0.001~0.01	0.5×0.5	20	0.001~200	0.1

注:Gs 为磁感应强度单位高斯,1Gs=10^{-4}T。

AMR 传感器、GMR 传感器、TMR 传感器均是利用材料在磁场作用下其电阻值发生变化的现象即磁电阻效应（MR）测量磁场。AMR 传感器利用的是强磁性金属在外加磁场平行于和偏离于其内部磁化方向时电阻变化的特性，即各向异性磁阻效应。GMR 传感器利用的是磁性材料和非磁性材料相间多层膜结构中磁电阻效应远大于常规磁电阻效应的特性，即巨磁电阻效应。TMR 传感器利用的是磁性多层膜材料在外磁场作用下电子隧道穿过绝缘层引起电阻变化的特性，即隧道磁电阻效。AMR 传感器、GRM 传感器、TMR 传感器内部结构如图 6-7 所示[2]。

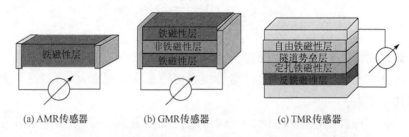

(a) AMR传感器   (b) GMR传感器   (c) TMR传感器

图 6-7   AMR 传感器、GRM 传感器、TMR 传感器内部结构

磁电阻效应传感器随磁场变化的是其电阻值，一般通过电桥形式输出电压信号。图 6-8(a)所示为推挽式半桥，输出的是单端电压信号；图 6-8(b)所示为全桥，输出差分信号。电桥形式的输出可以改减少信号噪声，抑制共模干扰，减少温漂。不足之处是电桥形式的输出电阻较大，一般还需加放大器进行调理，以减小输出电阻，放大信号幅度。

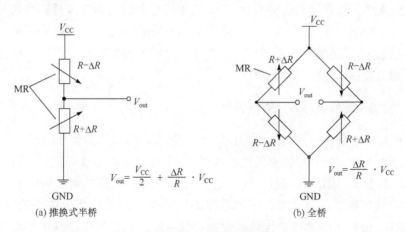

$$V_{\text{out}} = \frac{V_{\text{CC}}}{2} + \frac{\Delta R}{R} \cdot V_{\text{CC}}$$

$$V_{\text{out}} = \frac{\Delta R}{R} \cdot V_{\text{CC}}$$

(a) 推换式半桥   (b) 全桥

图 6-8   磁电阻效应传感器电桥形式

虽然 AMR 传感器的灵敏度比霍尔传感器高很多，但是其线性范围窄，AMR 传感器需要设置 Set/Reset 线圈对其进行预设/复位操作，造成其制造工艺复杂；GMR 磁传感器比霍尔传感器有更高的灵敏度，但是其线性范围偏低；TMR 传感

器是近年来开始工业应用的新型磁电阻效应传感器,在功耗、体积、灵敏度、线性范围、分辨率等方面具有明显优势,但是由于是新技术,成熟度和稳定性方面均有差距,目前在管道检测领域还未大规模应用。

磁电阻效应传感器灵敏度和分辨率均明显高于霍尔传感器,更适合管道剩磁检测,通过磁电阻效应传感器检测管道内壁缺陷的剩磁异常,再与漏磁检测信息综合,区分管道内壁和非内壁的缺陷。

6.2　漏磁检测传感系统方案设计

漏磁检测传感系统的目的是检测管道缺陷漏磁场并对缺陷在管道内外壁的位置进行区分。本节根据管道漏磁检测对检测传感系统的要求,介绍漏磁检测传感器传感技术方案。

为了达到内外壁缺陷检测和区分的目的,需要采用漏磁场检测传感器和内外壁缺陷区分传感器两种传感器。由于管道漏磁内检测器运行速度不确定,为了以稳定的灵敏度准确测量漏磁场的真实情况,选择霍尔传感器作为漏磁场检测传感器。剩磁检测法需要额外增加一个检测单元结构,使管道漏磁内检测器的长度变长,故采用涡流传感器与霍尔传感器安装在同一结构上进行内壁缺陷检测。

根据管道检测要求,缺陷检测传感器应沿管道轴向形成传感器阵列,从而实现对管道圆周的全覆盖检测的特点,以多个霍尔传感器以及涡流传感器均匀分布并封装为一个传感器单元,再以多个传感器单元沿管道圆周均匀安装,形成整个漏磁检测传感系统,以达到模块化、通用化、便于安装和维修的目的。因此漏磁检测传感系统的关键在于传感器单元设计。

6.2.1　漏磁检测传感器单元方案设计

漏磁检测传感器单元内的传感器数量较多,如果都以模拟信号的形式输出,则每个传感器至少需要一根独立的输出线缆,整个传感器输出线缆太多,接口复杂。因此漏磁检测传感器单元以数字信号的形式输出,原理框图如图 6-9 所示,其中采集电路将霍尔传感器和涡流传感器输出的模拟电压信号转化为数字信号,所有数据通过一个数字传输接口传输到数据存储系统。整个漏磁检测传感器单元封装为一个整体,与运行中的管道介质隔离,防止电子元器件直接与管壁摩擦、碰撞。

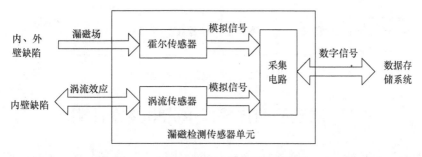

图 6-9   漏磁检测传感器单元原理框图

6.2.2   霍尔传感器的选择

缺陷漏磁场是矢量,可以分解为沿管道轴向和径向两个正交的分量,如图 6-10 所示。为了真实地还原缺陷漏磁场的情况,需要测量漏磁场的轴向和径向分量。一般情况下霍尔传感器只能对一个方向敏感。选用直插式单片集成三端式霍尔传感器,只有 3 个引脚,分别为电源、地和输出,其结构形式最简单、体积小,便于安装和阵列布局,通过简单的引脚 90°成型实现径向分量的测量,如图 6-11 所示,可以方便地实现轴向和径向传感器阵列。

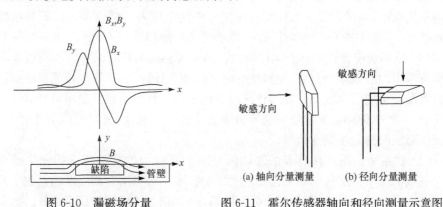

图 6-10   漏磁场分量   图 6-11   霍尔传感器轴向和径向测量示意图

6.2.3   采集电路方案设计

采集电路方案设计原理框图如图 6-12 所示,由控制器、模数转换器、缓冲器、多路开关等组成。多路开关顺序切换各传感器模拟电压信号通过缓冲器后接入模数转换器模拟信号进行数字化转换,控制器读取数据并将其通过数字接口传输到数据存储系统。

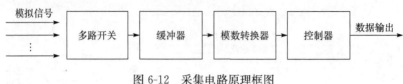

图 6-12　采集电路原理框图

6.3　漏磁检测传感器单元电路设计要点

根据漏磁检测传感系统方案，设计漏磁检测传感器单元电路。本节主要介绍漏磁检测传感器单元电路的设计共性问题和要点。

6.3.1　霍尔传感器的选用原则

根据漏磁检测传感系统方案，选用直插式单片集成三端式霍尔传感器。除此之外，选用霍尔传感器还应注意以下几点：

（1）灵敏度。一般来说，在满足其他条件的情况下，灵敏度越高越好；但是灵敏度高时，与测量磁场无关的外界噪声也容易混入。因此需要根据检测磁场范围计算其灵敏度。

（2）线性范围。霍尔传感器的线性范围与灵敏度密切相关，灵敏度在线性范围内变化很小，测量误差可以控制在精度允许的范围内。使用霍尔传感器精确测量磁场时，不允许其工作在非线性区，更不能进入饱和区。

（3）频率响应特性和动态响应特性。霍尔传感器的幅频响应特性曲线在漏磁场频率范围内应该是平直的、相频特性曲线应该是线性的，即霍尔传感器的通频带应包含漏磁场的频率范围。霍尔传感器的动态响应特性主要是输出信号响应时间尽量小，即霍尔传感器输出信号响应磁场变化的速度越快、延迟时间越小越好，以保证准确反映漏磁场突变信号。

（4）稳定性。霍尔传感器的性能随时间和环境的改变而带来的变化越小越好。一般情况下霍尔传感器输出受温度影响。不同的管道介质温度相差数十摄氏度，管道检测连续工作时间为数十乃至数百小时，霍尔传感器越稳定越好。如果霍尔传感器的温度稳定性不满足精度要求，则需要考虑进行温度补偿。

（5）精度。霍尔传感器的精度反映其测量误差的大小，精度越高，价格越昂贵。漏磁检测需要精确定量测量漏磁场，必须选用精度满足要求的霍尔传感器。因此选择霍尔传感器时，需要综合考虑成本和测量误差。

6.3.2　涡流传感器的设计要点

1. 交流信号发生器

涡流检测的趋肤效应与线圈中交流信号的频率 f 有关，因此交流信号发生器设计的关键在于交流信号频率的确定,以保证涡流效应只发生在管道内壁表面或者近内壁,而不到达管道外壁。涡流效应在沿管壁深度超过 3δ 以后可忽略不计,δ 为标准透入深度,按式(6.4)计算。若希望涡流透入管壁的深度不超过 t,则

$$3\delta \leqslant t \tag{6.5}$$

将式(6.4)代入式(6.5),可得

$$f \geqslant \frac{9}{\pi t^2 \sigma \mu} \tag{6.6}$$

由于管壁饱和磁化,可当作非铁磁性金属对待,式(6.6)中的磁导率可按 $\mu = \mu_0 = 4\pi \times 10^{-7}\,\mathrm{H/m}$ 计算。

此外,若以最高速度 v_{max} 检测最小长度 l_{min} 的缺陷,按最高频率 $2v_{max}/l_{min}$ 估算缺陷漏磁信号,则相当于频率为 $2v_{max}/l_{min}$ 的信号调制到频率为 f 的载波上,则 f 应远大于 $2v_{max}/l_{min}$。

交流信号的频率 f 应满足式式(6.6)和式(6.7):

$$f \gg \frac{2v_{max}}{l_{min}} \tag{6.7}$$

2. 涡流线圈

涡流线圈是实现涡流检测信号转换的关键。涡流检测的灵敏度与线圈的参数密切相关。检测时希望尽可能提高灵敏度。在涡流线圈设计方面提高检测灵敏度的主要措施如下:

(1) 在满足测量要求的情况下,涡流线圈的尺寸应尽可能小;

(2) 线圈骨架材料要求损耗小、介电性能好、膨胀系数小,以提高灵敏度,实现较小的误差;

(3) 涡流线圈周围尽可能避开其他导体,避免影响对管壁缺陷的检测灵敏度。

6.3.3　采集电路的设计要点

采集电路由控制器、模数转换器(ADC)、缓冲器、多路开关组成。选用带多路开关的模数转换器设计采集电路,从而不必额外增加多路开关,如图 6-13 所示,传感器阵列输出的模拟信号通过 RC 滤波后接入多路开关的输入端,多路开关的输出信号经过缓冲器和 RC 滤波后进入 ADC 的模拟输入端,ADC 通过数字接口与控制器连接,参考源为 ADC 提供参考电压信号。

多路开关前的滤波器滤除传感器输出信号中的干扰,缓冲器后的低通滤波器消除多路开关切换带来的干扰。若以最高速度 v_{max} 检测最小长度 l_{min} 的缺陷,多路开关切换的频率为 f_s,则多路开关前的低通滤波器应保证有效频率信号顺利通过;缓冲器后的低通滤波器应保证有效频率信号顺利通过,频率为 f_s 的信号被有

效抑制。

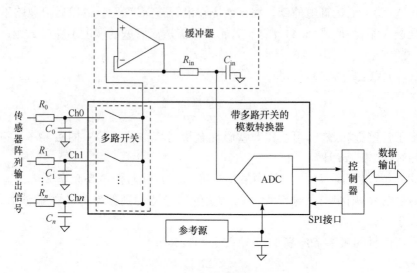

图 6-13　采集电路

参 考 文 献

[1] 李科杰. 新编传感器技术手册. 北京:国防工业出版社,2012.

[2] 吕华,刘明峰,曹江伟,等. 隧道磁电阻(TMR)磁传感器的特性与应用. 磁性材料及器件,
    2012,43(3):1-4.

第 7 章　数据采集存储技术与实现

内检测器将磁信号转换成数字信号之后,需要对数据进行实时的采集与存储,作为被检测管道状态分析的数据来源。本章介绍数据采集与存储技术,包括数据采集存储的设计要求、关键技术和实现方法,对数据采集存储的功能需求和关键指标进行分析,讨论几种常见的数据采集存储架构。

7.1　数据采集存储的设计要求

7.1.1　数据采集存储的功能需求

数据采集存储技术主要用于实现内检测器所有分系统数字信号输入、实时采集、处理和大容量存储,是内检测器的控制核心,也是电气设计最复杂的部分,对实现产品的各项功能和保证产品的正常工作至关重要。

作为内检测器的控制核心,该部分一般还承载一些状态监控的功能,如对系统的电源电压进行监控,数据要有效监控,避免数据丢失;对系统内部的工作环境温度进行监控,能够在系统温度过高时,提前对系统进行保护等。

7.1.2　数据采集存储的关键指标

在进行数据采集存储技术的实现之前,需要根据内检测器的要求,对采集和存储的关键指标进行分析。通常,内检测器数据采集存储的关键指标包括数据采集处理时间、数据存储时间和数据存储容量。

数据采集处理时间主要包括内检测器各分系统输入数据的采集时间、数据解析时间、数据打包和组帧时间、数据传输时间等,如果需要对数据进行压缩和加密,也属于数据采集处理时间的范畴。数据存储时间指在一定的时间内,将处理后的数据实时地存储至存储介质,如硬盘、NAND Flash 存储阵列(固态大容量存储器)或磁盘阵列等。数据存储容量需要根据产品的检测精度、运行速度、最大工作里程或最长工作时间等参数进行计算确定。

数据采集处理的时间主要由里程的检测精度和产品运行速度决定。里程的检测精度越高,单位长度管道的检测数据样本越大,数据采集和处理的时间越长。相应地,产品的运行速度越快,单位长度管道的检测时间越短。若要获得足够高的检测精度,以得到更加精细的管道内部状态,就需要在较短的时间内完成数据的采集和处理,对数据的采集和处理的速度要求比较高。因此,里程的检测精度和产品的运行速度存在相互制约的关系,需要根据实际的检测需求和成本设置合适的采集处理时间。不同的采集处理速度对于采集处理架构的选择起着决定性的影响。

数据存储时间取决于使用的存储介质,不同存储介质的存储速度差别较大。普通硬盘的持续写盘速度一般在 20MB/s 左右,SSD 硬盘的持续写盘速度可达 100MB/s 以上,NAND Flash 存储阵列的持续写数据速度一般在 60MB/s 以上,与 NAND Flash 的写数据位宽和阵列拓扑架构有关。如果采用磁盘阵列,则可获得写盘速度的倍增,获得更大的写数据带宽。采取何种存储介质,需要从产品的可靠性、环境条件、结构、信号处理架构等方面进行综合考虑。

数据的存储容量取决于产品的最大工作里程或最长工作时间。以最大工作里程进行数据存储容量计算时,主要考虑里程的检测精度,即里程的检测精度越高,单位长度管道的检测数据量越大,需要的存储容量越大;以最长工作时间进行计算时,主要考虑内检测器的运行速度和里程的检测精度,运行速度越快,检测精度越高,需要的存储量越大。根据存储容量的需求,进行存储介质的选择。因此,存储介质的选择与数据的存储时间和存储容量密切相关,需要综合考虑。

7.1.3　数据采集存储的设计要点

数据采集存储的设计是软硬件的协同设计,牵涉技术面广且多而杂,是整个系统的设计难点。而且,作为管道状态分析的原始数据来源,如何保证数据的正确性和完整性至关重要,因此需要重点考虑该部分的设计要点。

首先,数据采集存储技术的实现要能够提供丰富的不同电平标准的高速 I/O 接口(输入输出接口),保证不同类型、不同电平形式和不同通信协议数据的正常接入;其次,应具有合适的信号采集处理架构,完成接入数据的实时采集和处理。这里的关键就在于实时性,如何保证在要求的时间内完成数据的采集和处理是信号采集处理架构选择的关键,而架构的选择也直接决定了存储介质的类型;最后,在存储容量选择时,应充分考虑存储空间的冗余设计和备用数据扩展需要。

为了实现数据采集存储技术,首先,应开展对常用数据通信协议和实现方法的研究,如串口协议、TCP/IP、USB 协议、SPI 协议、SATA 协议等;其次,考虑到内检测器所处的高温、高压工作环境的特殊性和采用电池供电的特性,设计时建议采用低功耗和小体积的设计思想,对设计进行充分的热仿真,在设计初级阶段做好散热考虑;最后,综合考虑软硬件设计、结构、连接器、电缆等多个因素,保证数据传输和存储的正确性,这是实现内检测器对管道状态准确分析的基础和关键。

数据采集存储技术的设计实现相对于内检测器其他分系统来说,设计复杂、灵活性高,架构选择空间大。不同的信号采集处理架构的开发难度、成本、周期、功耗和体积相差甚远,设计时必须综合考虑实时性、结构、散热、成本和周期等各方面因素进行架构的选择。

7.2　数据采集存储的关键技术

数据采集存储技术牵涉技术较多,实现方法多样,这里主要对其中的关键技术进行论述,包括数据采集处理技术、数据存储技术和高度电路设计技术等。

7.2.1　数据采集处理技术

数据采集处理技术是为了实现内检测器产品所有分系统数字信号输入、实时采集和处理,是获得正确的采集数据的基础和关键,实时性是其最重要的特性。对于内检测器,需要根据产品各分系统的接口类型、电平形式和通信协议选择合适的采集处理平台完成数据的接收和处理。

数据采集技术主要用于采集内检测器各分系统的数字信号,如漏磁信息、姿态信息、里程信息、温度信息、时间信息和电压信息等。设计时主要考虑信号的接口数量、电平形式和通信协议。内检测器的漏磁检测传感器、里程传感器和姿态检测传感器等一般采用串行通信协议,如 SPI(串行外设接口)协议、I2C 协议(两线式串行总线协议)、串口协议(如 RS232/422/485 通信协议)等;当数据接入采集处理平台,在平台内部传输时,一般使用并行 LVDS(低压差分信号)总线、EMIFA 总线(外部存储器总线)、UPP 总线(通用并行总线)、Camera Link(一种用于数字摄像机和图像采集卡之间的接口)等进行传输。数据传输至信号处理芯片完成数据的解析和处理。

数据处理技术主要用于对内检测器各分系统输入数据的解析、数据打包、组帧、串并转换和数据传输等,处理后的数据实时存入存储介质。数据的解析按照标准的通信协议或自定的通信协议完成输入信息的解析;数据打包和组帧时,要严格按照制定的帧格式,保证数据的正确性;串并转换完成串行数据到并行数据的转换,适合使用并行总线传输,提高传输效率;数据传输可采用多种并行总线,如果不需要串并转换,也可采用高速串行协议进行数据传输,如 SERDES 总线(高速串行总线)。

由于使用环境的特殊性,内检测器一般是采用离线分析的方式,因此在系统内部不需要复杂的信号处理,在存储容量比较充裕的情况下,建议存储原始数据,可以最真实地还原管道的真实状态,避免使用数据压缩、解密等技术可能导致的数据失真、错误等问题。

内检测器采集处理技术的实现主要有三个难点:第一,数据同步技术。系统需要在统一的基准下进行数据采集,各分系统的信号均在该基准信号的控制下进行采集或读取,以保证数据同步。该技术的难点在于如何保证成百上千路漏磁信息同时输入时的数据沿对齐。第二,保证实时性。实时性是数据采集存储技术的关键特性,如何保证成百上千路漏磁信息同时输入时数据采集和处理的实时性,是该技术实现的关键和难点。第三,保证数据的完整性。内检测器运行的时间可达几十个小时,里程数可达上百千米,为了保证检测的精度,一般的帧数可达千万级别,数据量可达几百吉字节(GB)甚至太字节(TB)级别,如何保证这么大量数据的正确性,是很大的难题。它同时是一个系统级的问题,受里程轮运行状态、漏磁检测传感器状态、系统电气连接、信号处理算法等多种因素影响,一旦出问题,定位排查难度很大,头绪多,需在设计阶段进行高度重视。

7.2.2　数据存储技术

数据存储技术是为了实现内检测器所有处理后的管道检测信息的实时存储。对于一个高速实时系统,存储速度往往是系统的瓶颈。在内检测产品中,为了保证数据的完整性,数据存储必须在特定的时间内完成。

一般内检测器要求存储数据的速率为每秒几兆字节至每秒几十兆字节,主要与产品在管道内的运行速度、里程的采样精度以及通道数有关,而存储容量主要与里程检测精度、最大工作里程或最长工作时间以及通道数有关。以一个 200 通道、最大工作里程为 100km 的检测器为例,按照 2mm 的采样精度进行采样,如果每个采样周期形成数据量为 1000B(包含漏磁信息、姿态信息、里程信息、温度信息、时间信息和电压信息等),则至少需要 50GB 的存储容量,考虑一定的存储冗余,可采用 64GB 的存储介质。

存储速度和存储容量决定了存储介质的选型。在存储带宽为几兆字节每秒的情况下,可选择的存储介质较多,如 SD 卡、TF 卡、IDE 硬盘、SSD 固态硬盘、NAND Flash 存储阵列等;在存储带宽为每秒几十兆字节的情况下,一般通道数为几百甚至上千个,此时,SD 卡、TF 卡等容量一般难以满足要求。考虑到内检测器产品工作的高温环境一般在 70℃ 以上,SD 卡、TF 卡、IDE 硬盘等常规的消费类存储介质难以满足使用要求。NAND Flash 存储阵列开发需要编写 Flash 控制器,建立坏块管理表等,开发难度大,且成本高昂;SSD 固态硬盘基于 NAND Flash 构建,自带 Flash 控制器和坏块管理功能,采用标准的 ATAPI 接口,在设计应用方面的通用性较强。

内检测器数据存储技术的实现主要有两个难点:第一,保证写入数据的正确性和完整性。一般一条 100km 长的管道,形成的数据量将大于 40GB,这么大的数据量,要保证每个写入数据的正确性和所有数据的完整性,绝非易事。可采取以下措施:①保证硬盘机械接口的稳定性。②采用合适的硬盘读写策略,采用更高效的硬盘读写程序。制定数据帧格式时,要求每一帧数据均有帧头、帧尾和帧计数信息,增加校验和,保证数据传输的正确性。③软件设计时,应充分考虑系统突然断电、欠压或温度过高等应急状态,对每种状态均有合适的存储策略,保证数据的完整性。第二,问题排查难度大。因为内检测器产品检测完管道之后,呈现给用户的只有硬盘中的数据,一旦硬盘中的数据出问题,很难定位到底是哪一环节出了问题。因此,软件设计时必须考虑措施,如增加日志管理功能,对产品运行过程中出现的问题及可能的原因实时写入日志,以协助问题的排查。

7.2.3　高速电路设计技术

数据采集存储技术由于其广度和复杂性,实现的硬件载体一般是高速的多层电路板,通常在 6 层以上。这种电路板一般体积小、集成度高、性能好、功耗低,可以满足内检测器对功耗和体积的要求,但是电路设计复杂,通常都有复杂的微控制器单元(MCU),如 FPGA(现场可编程逻辑门阵列)、ARM 处理器或数字信号处理器(DSP)等,PCB 设计对走线长度、走线间隔和阻抗匹配等有较高的要求,因此,需要开展高度电路设计技术的研究。

电路的设计一般包括两个方面:原理图设计和 PCB 设计。在原理图设计方面,高速电路设计与低速电路设计差别不明显,主要体现在原理图设计的复杂度上,设计方法基本类似,但是设计时需要采用高速电路设计的思想,对阻抗匹配、滤波和接地的处理尤其要提高重视。在 PCB 设计方面,高速 PCB 设计与低速 PCB 设计有着非常大的差别,在低速 PCB 设计中,可以认为连线即工作,对器件的布局方法、信号的走线规则等不需特殊的关注。在高速 PCB 设计中,连线即工作的思想不再适用,必须同时考虑以下几个因素:电源分配、传输线及其设计准则、串扰及其消除和电磁干扰(EMI)。

电源分配是高度电路板设计时需要重点考虑的问题,它是所有信号参考的基准,对系统的性能具有决定性的影响,原则上需要通过电源完整性仿真确定电源网络分配的方案。传输线是高速电路设计中一个非常重要的概念,在高速电路设计中,要使用阻抗可控的传输线传输信号,防止信号发生发射而导致失真;串扰(crosstalk)是一种不希望产生的电路中的耦合信号。它可能是电容性的,也可能是电感性的,通过控制信号线的走线间隔可有效消除串扰;EMI 可能会导致内检测器系统内其他分系统工作异常或降低系统的性能,设计时可以通过屏蔽、滤波、避免环路等方法减小 EMI。

高速电路设计技术的实现主要以下几个难点:第一,采用信号完整性和电源完整性的思想设计原理图和 PCB。这对于作低速电路设计的人员来说,是一个设计思想的颠覆,要转变非常困难。而且,信号完整性和电源完整性牵涉的理论面非常广,从电路基础、数字电路设计、模拟电路设计、电磁场理论、微波和天线理论到数字建模仿真,必须学习掌握多方面的知识。第二,高速电路板的测试。高速电路板设计往往比较复杂,调试是一个软硬件协同调试的过程,一旦出现问题,往往很难通过单独的硬件排查或软件调试解决问题,需要综合考虑各种可能的因素,采取软硬结合的方式解决。因此,高速电路板的调试对设计者的经验和仔细程度是一种考验。第三,同步开关噪声的抑制。由于内检测器产品通常都有上百个甚至上千个检测通道,如此多路的信号即使经过一定的处理,传输至高速电路板的信号也有几十路甚至上百路。为了保证信号在同时跳变时不会造成相邻信号的误操作,必须采取措施抑制同步开关噪声,保证多路信号的正确传输。处理同步开关噪声的关键在于为板卡提供一个干净的环境,做好信号的阻抗匹配和控制相邻信号的走线间距。

7.3　数据采集存储技术的实现

　　数据采集存储技术的实现一般需要一个基于 MCU 架构的硬件载体。MCU是数字电路中功耗最集中的电路部件,选择合适的 MCU 架构,对于系统的性能、功耗以及外围电路复杂度会产生直接的影响,在整体设计中是非常重要的。

　　MCU 架构的选用主要考虑如下几个方面:第一,数据处理能力。应能完成内检测器产品其他分系统输入数字信号的采集、采集数据的缓存和数据存储,有一定的数据处理能力,完成串行通信数据的接收和处理。第二,控制功能。应能完成整个系统的工作控制,输出控制信号至其他分系统。第三,I/O 资源和对外接口丰富。内检测器通道数众多,需要提供丰富的 I/O 资源完成多路数据的接收,且产品有对内和对外的串行通信,需要高速的数据存储和数据传输,因此需要有丰富的外围接口,如 USB、串口、网口、SATA 口等。第四,功耗和成本。内检测器一般工作在高温高压密闭的环境中,最高工作环境温度一般高于 70℃,只能通过对流、传导散热,应尽量选用发热量小的 MCU。在满足系统性能需求的前提下,应尽量选择成本更低的 MCU。第五,设计复杂度。选用不同的 MCU,其外围电路设计、开发难度差别很大,直接影响设计的复杂度。

　　常用的 MCU 包括单片机、复杂可编程器件(CPLD)、FPGA、ARM 和 DSP等,单片机属于比较典型的 MCU,ARM 是消费级领域应用最多的 MCU,一般单片机可形成一个小系统,如手机、数码相机等,DSP 适合复杂的信号处理。FPGA是近几年来应用越来越多的 MCU,特别是其内部集成 DSP 硬核和 ARM 硬核,可以使单个 FPGA 的功能变得越来越强大。

　　针对内检测器的应用,根据内检测器设计的复杂度,可采用单片 MCU 的架构或不同 MCU 配合使用的架构,如单片机架构、FPGA 架构、ARM 架构、FPGA＋ARM 架构、FPGA＋DSP 架构等。不同的架构,其外围电路设计、开发工具、研制周期和难度差别很大。因此,应当根据内检测器的实际需求,在满足指标要求的情况下,使用最简单的电路完成设计,对于提高采集存储电路的可靠性和内检测器整机的可靠性意义重大。以下简单介绍几种常见的架构。

7.3.1 单片机架构

单片机架构是所有架构中成本最低、设计最简单的架构,适合小型的内检测器。这种架构的内检测器以单片机(如常用的8051单片机)为核心,采用霍尔传感器感应线圈磁场的变化,并将磁场的变化转换为电压的变化,硬件系统主要由单片机、磁传感器、A/D模块和存储器等组成。存储器一般使用USB接口的存储设备,其性价比和灵活性比较高。

单片机本身在软硬件方面的局限性,使基于单片机架构的内检测器系统性能受限,对于复杂的系统往往无法胜任,实时性难以保证。

7.3.2 ARM架构

ARM架构可看做单片机架构的一种升级,其相对于单片机架构的优势主要体现在软件和硬件两个方面。

在软件方面,ARM架构可以引入操作系统,在便利性、安全性和高效性方面的优势明显。便利性主要体现在后期的开发,即在操作系统上直接开发应用程序,不像单片机那样,一切都要重新写。安全性是操作系统如Linux的一个特点,以Linux为例,其内核和用户空间的内存管理分开,不会因为用户的单个程序错误造成系统死机,而单片机无法避免。高效性在于ARM引入了进程的管理调度系统,使系统运行更加高效,而传统的单片机开发中大多基于前后台技术,对任务的管理有局限性。

在硬件方面,虽然现在的8位单片机技术硬件发展也非常快,出现了许多功能非常强大的单片机,但是与32位或64位的ARM相比,仍然有一定的差距。ARM架构一般可提供常用的网口、串口、USB、SATA、HDMI(高清晰度多媒体接口)等接口,可直接挂载USB存储设备或SATA接口存储设备(如硬盘等),可有效降低软件的开发难度和开发周期。

7.3.3 FPGA+ARM架构

内检测器领域也在高速发展,通道数越来越多,实时性要求越来越高,数据量越来越大,传统的单片MCU的架构已难以满足要求。单从多路漏磁数据的接入角度来看,单片的MCU实现难度也较大。

结合目前主流的设计技术,FPGA由于其丰富的I/O(输入/输出)接口和电平支持,成为多路数据接入的理想选择。FPGA是专用集成电路(ASIC)中集成度最高的一种。用户可对FPGA内部的逻辑模块和I/O模块重新配置,以实现用户的逻辑。FPGA具有静态可重复编程和动态在系统重构的特性,使硬件的功能可以像软件一样通过编程来修改,灵活性非常高。

在传统的 ARM 架构中引入 FPGA,使用 FPGA＋ARM 架构作为内检测器的采集处理平台是一个不错的选择。在该架构中,FPGA 负责系统的控制逻辑和时序逻辑,产生数据帧采集、处理和存储的控制时序信号,完成多种串行通信协议的解析,实现与 ARM 之间的数据传输等功能;ARM 主要完成系统参数配置、工作状态控制、系统命令解析与响应、FPGA 数据帧接收、固态硬盘数据存储、硬盘数据文件导出等功能。

这种架构利用 FPGA 进行逻辑和时序控制,利用 ARM 负责软件配置管理、界面输入和外设操作等,分工明确,FPGA 和 ARM 协同工作,具有较强的信号处理能力,适合较复杂的内检测系统设计。

7.3.4　FPGA 架构

随着 FPGA 功能的日益强大,集成 ARM 硬核的 FPGA 已开始广泛应用于工业控制、信号处理、通信和雷达等各领域,代表系列有 XILINX 的 ZYNQ 系列 FP-GA 和 ALTERA 的 SOC FPGA,这也使得使用单片 FPGA 完成原来 FPGA＋ARM 架构的功能成为现实。

在这种架构中,FPGA 和 ARM 硬核的分工与 FPGA＋ARM 架构类似,只是软件的开发过程有一些差异,硬件设计相对于传统的 FPGA＋ARM 架构,功耗更低,成本更低,体积更小,设计也更加简单,比较适合较复杂的内检测器系统的设计。

第 8 章　内检测缺陷高精度定位技术与实现

前面针对海底管道漏磁内检测的检测原理与核心技术,检测器总体设计、结构设计、磁路仿真设计、传感器设计、数据采集与存储技术设计等分别进行了介绍。本章将针对检测器管道检测缺陷的高精度定位技术与实现进行详细说明,主要从技术设计必要性与难点分析、主流设计技术概述以及主流设计技术的实现三个部分进行介绍。

8.1　技术设计必要性与难点分析

8.1.1　技术设计必要性

作为海底管道漏磁内检测器整机产品,如何实现管道缺陷的高精度量化识别、结构安全通过性设计、长距离长时间数据可靠采集与存储,均是内检测器的关键核心技术,实现了管道缺陷的高精度检测,然而,如何实现检测缺陷的高精度定位,才是管道检测的最终目标。因此,检测器检测缺陷高精度定位技术更是管道检测关键核心技术中的重中之重。

8.1.2　技术设计难点分析

管道缺陷的量化及定位检测需由内检测器于管道内运行过程中实时完成。其缺陷定位可分为里程定位与时钟定位,即缺陷相对于管道起始点的里程定位数据,以及里程定位后相对于管道横截面的时钟定位数据。因此其缺陷高精度定位技术,也可等效为检测器于管道内运行过程中高精度里程定位技术及姿态检测技术的实现。海底石油管道不同于陆地管道,其具备一定的特殊性,技术设计难点可总结如下。

1) 难点一

海底石油管道内一般均为 $0\sim20\text{MPa}$,$-20\sim70℃$ 的油、水、气混合介质。检测器于管道内运行,完成高精度里程定位检测。如何实现测量系统在介质内的密封性,机电结合系统的设计可靠性,成为本检测技术的难点之一。

另外,海底管道根据不同环境的需要,一般位于海平面以下几十米至几千米深度不等,一般埋于海床下 $1\sim3\text{m}$,或平铺于海床表面,其特殊的环境限制了大量管道外辅助测量设备的使用,更增加了里程姿态检测的难度。

2）难点二

海底管道长时间服役后，管道内壁一般会附着有很厚的油污蜡状物，且管道生产加工时产生的焊缝凹凸面、焊瘤等，以及管道安装过程中存在的法兰缝、法兰平面误差台阶，将导致里程轮打滑、空转、正反转等不同工况出现，引入很大的检测误差。因此如何保证管道复杂工况下检测器的里程检测精度、缺陷高精度定位精度，成为本检测技术的难点之二。

3）难点三

海底管道可分为水平管道、倾斜管道、竖直管道。检测器在管道内运行，需实现沿管道周向方向旋转姿态的检测，轴向方向俯仰姿态检测，以及水平航向姿态检测，如图 8-1 所示。

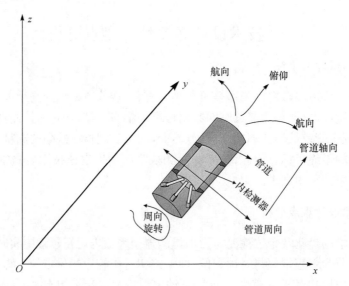

图 8-1　检测器于管道内运行姿态检测

传统的三维空间姿态检测，一般采用三轴陀螺 ＋ 三轴加速度计 ＋ 三轴磁力计组成的九轴姿态传感器模组实现。以三轴陀螺仪为基础元件，实现三维空间内 xOy、xOz、yOz 三个维度姿态的测量。但由于陀螺仪本质上存在不可避免的时漂特性，因此 xOz、yOz 两个垂直维度姿态，一般采用三轴加速度计进行补偿修正；xOy 水平维度，一般采用三轴磁力计进行补偿修正；从而实现动静态环境下整个产品的高精度三维姿态检测。

但海底管道一般为铁磁性金属材质，由于铁磁性金属固有的屏蔽特性，三轴磁力计进入管道后其地磁测量将失效；且漏磁节对管道有强磁磁化，将使磁力计更不可用。因此三轴陀螺仪的水平维度姿态检测将不能补偿修正，如何保证本维度下的检测器姿态测量精度（对应竖直管道周向旋转工况与其他管道工况水平航向姿态检测）成为本检测技术的难点之三。

4）难点四

以上分析了水平管道、倾斜管道、竖直管道工况，均针对同平面内管道的工况。但对于跨纬度不同平面内连续弯管连接管道，三维姿态模组在连续拐弯后其自身坐标系将产生 90°旋转（相对于大地坐标系）。跨纬度管道工况如图 8-2 所示。

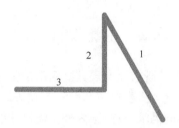

图 8-2　空间跨纬度拐弯管道

假设检测器在管道内不自转，其由水平维度路线 1（y 轴方向）运行至垂直维度路线 2（z 轴负方向），然后运行至水平维度路线 3（x 轴负方向），其姿态传感器自身坐标系相对大地坐标系会产生 90°旋转，示意图如图 8-3 所示。

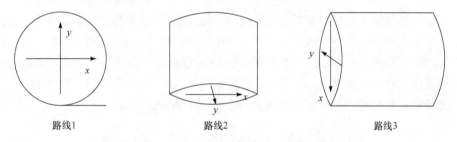

路线1　　　　　　　　路线2　　　　　　　　路线3

图 8-3　空间跨纬度拐弯管道检测器运行状态示意图

跨纬度两个连续拐弯后，y 轴变为水平轴，x 轴变为垂直轴且发生反向，对应传感器输出欧拉角原始数据乃是 0°与 −90°的旋转，此时可解析为检测器跨纬度连续拐弯状态，也可解析为周向旋转 1/4 圈。以上分析均基于检测器不自转，且为最简单的沿坐标轴方向标准跨纬度案例。若管道同纬度内出现与坐标轴有夹角的空间内斜向跨纬度旋转，且检测器自转，情况将更复杂，姿态检测数据解析也将更复杂。因此如何判断其不同状态，成为检测器姿态检测的难点之四。

5）难点五

管道缺陷高精度定位技术在国内的研究起步较晚，国外的成熟技术对国内又处于封闭垄断局面。多方案如何进行融合设计、结构如何设计、方案融合后如何补偿管道特殊工况以及恶劣环境导致的系统误差等、方案融合算法的实现等，成为本检测技术的难点之五。

综上,管道特殊环境的限制、特殊工况的限制;里程系统自身误差、姿态系统自身误差,以及系统融合方案设计,融合误差影响;国内技术的不成熟、国外技术的封闭垄断等成为管道内检测器缺陷高精度定位技术研究的五个难点。针对以上难点,下面将进行领域内国内外当前解决技术概况介绍,以及主流技术的设计与实现说明。

8.2　主流设计技术

前面已经说明,管道缺陷既需要实现其高精度量化检测,又需要实现高精度定位检测。其定位检测也可分为里程定位与时钟定位,即所检测定位的缺陷需与管道位置一一对应。根据不同需求,目前国内外主流设计技术可总结如下。

8.2.1　里程轮定位法

里程轮定位法即通过在检测器上安装机电结合的里程轮系统,里程轮系统随检测器同步运行,从而实现检测器及检测缺陷里程定位。

1) 工作原理

里程轮系统由机械里程轮与编码传感器组成。机械里程轮呈圆形设计,根据实际需求在圆形周边均匀设计不等数量的凹凸齿,传感器安装于机械轮凹凸齿的侧面,轮子每转过一定角度(对应检测器走过一定距离),传感器根据轮子转过的齿数输出相应数量的脉冲,从而将里程物理量转换为电信号,传至 MCU 主控系统,完成检测器里程信息采样。其系统架构如图 8-4 所示。

图 8-4　里程轮定位法系统架构

2) 系统分析

本定位方法的优点是原理简单,实现技术简单,成为管道内检测器领域最基本的里程定位方法。缺点是复杂的管道工况将导致里程轮打滑、空转、正反转等各种状态出现,从而对里程记录引进大量误差,大大影响了检测器及缺陷里程的定位精度。

3) 实际应用

根据里程轮定位方法的优缺点,本方法主要应用在环境工况较好的管道检测,以及对检测精度要求不高的常规管道检测,具体如下:

(1) 新生产管道出厂质量检测。由于管道环境工况良好,对里程轮误差影响较小,因此检测器一般安装一组里程轮系统。

（2）非高精度常规管道检测。对于非高精度常规管道检测，一般可采用里程轮定位法。但为了尽量提高检测精度，弥补里程轮打滑、空转、正反转等工况误差，里程轮系统一般可设计为 3～4 个单里程轮组合系统，每个里程轮在转动过程中都会输出脉冲信号，通过 MPU 算法处理，系统实时跟踪误差最小的里程轮实现里程跟踪，从而提高检测器里程的定位精度。

8.2.2　加速度计定位法

加速度计定位法即通过在检测器上安装加速度计传感器，随检测器实时运动，通过加速度信息实时解算位置信息，从而实现检测器及检测缺陷里程定位。

1）工作原理

加速度计定位法可采用集成式加速度传感器。其基本原理为基于牛顿运动学定律，加速度传感器随检测器运动，实时完成加速度信息采样并传于 MPU 系统，MPU 系统根据采样时钟对加速度信息进行二次积分，结合检测器初始速度，从而实现检测器及检测缺陷里程定位。其系统架构如图 8-5 所示。

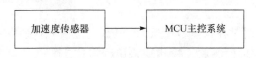

图 8-5　加速度计定位法系统架构

2）系统分析

本定位方法的优点是原理简单，实现技术简单。缺点是复杂的管道工况，加速度信息复杂多变，导致里程解算信息误差较大；且检测器近匀速运行或匀速运行，加速度信息将会很小或者为零，对加速度计传感器灵敏度及精度要求较高，不易解算里程信息。

3）实际应用

本方法一般作为辅助定位方法，与里程定位等其他方法组合使用。

8.2.3　惯性导航定位法

惯性导航定位法即通过在检测器上安装惯导模块，随检测器实时运动，通过惯导信息实时解算位置信息，从而实现检测器及检测缺陷里程定位。

1）工作原理

惯性导航系统（INS）一般由陀螺仪与加速度计组成。陀螺仪可测量物体的旋转角速度，通过一次积分可解算物体的旋转角度。加速度计可测量物体加速度，通过一次积分可解算物体速度，通过二次积分可解算物体位移。将角度信息、速度信息、位移信息进行数据融合运算，即可检测角度和检测缺陷里程。其系统架构如图 8-6 所示。

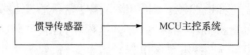

图 8-6　惯性导航定位法系统架构

2）系统分析

由于目前市场上惯导系统的发展已很成熟,现有成品模块及成熟开发平台很多,因此其优点是实现简单,开发简单。缺点是陀螺仪本质具有的时漂特性,随着时间的增长,系统定位误差大大增大。由于管道特有的金属屏蔽作用,三轴磁力计等外部修正系统无法引入,从而导致检测器里程定位大大降低。

3）实际应用

本方法一般作为辅助定位方法,与里程定位等其他方法组合使用。另外,由于惯导系统可实现产品三维姿态检测,因此也可作为缺陷时钟方位定位检测的主要方法。

8.2.4　GPS 定位法

GPS 定位法即通过在检测器上安装 GPS 定位装置,利用 GPS,实时检测运动物体的位置,从而实现检测器及检测缺陷里程定位。

1）工作原理

GPS 由卫星 GPS 系统与地面 GPS 定位装置组成。地面 GPS 定位装置与卫星 GPS 系统实时通信,卫星 GPS 系统实时将地面 GPS 定位装置的位置信息解算并回传地面,从而实现检测器里程定位。其系统架构如图 8-7 所示。

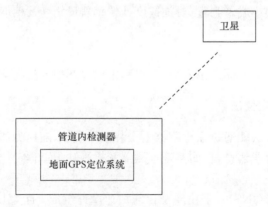

图 8-7　GPS 定位法系统架构

2）系统分析

由于其技术成熟,优点是实现简单、开发简单、定位精度高。缺点是管道特有的金属屏蔽作用,使检测器进入管道后将不能完成 GPS 信息通信。

3）实际应用

对于非金属管道,其可作为产品定位检测的主要方法之一;对于金属管道,一般作为辅助定位方法,与里程定位等其他方法组合使用。

8.2.5　负压力波定位法

负压力波定位法即通过在检测器上安装压力信号发生装置,在管道首末两端安装压力信号检测装置,通过压力信号采集与解算,从而实现检测器及检测缺陷里程定位。

1）工作原理

负压力波定位系统由一个压力发生装置与两个压力接收装置组成。压力发生装置安装于检测器上,两个压力接收装置分别安装于管道首末两端。检测器进行管道检测时,压力发生装置随检测器同步运行,实时发送压力波信号,管道首末两端接收装置对压力信号进行实时接收,通过 GPS 信息对数据采集进行同步处理,得到两接收装置接收压力波的时间差,结合压力波在管道介质内的传播速度,从而解算出检测器及检测缺陷的里程定位信息。其系统组成如图 8-8所示。

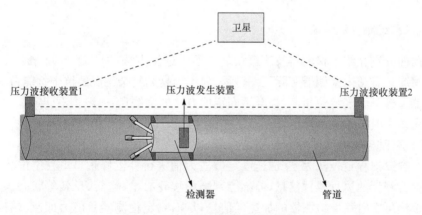

图 8-8　负压力波定位法系统架构

2）系统分析

本定位方法的优点是实现简单,并能判定检测器的卡堵情况。缺点是由于管道介质的复杂性,检测器及检测缺陷里程定位误差较大。

3）实际应用

本方法一般作为辅助定位方法,与里程定位等其他方法组合使用。

8.2.6　外部标记定位法

外部标记定位法一般指焊缝定位法、磁标记定位法、地面标记系统定位法。

1）焊缝定位法

焊缝定位法主要包含环焊缝与螺旋焊缝两种。作为定位标记，一般焊缝信息在管道铺设时，其里程位置就已定型，通过检测器对焊缝信息的检测，实现检测器里程定位修正，从而实现管道内检测器及检测缺陷的里程精确定位。

2）磁标记定位法

其原理同焊缝定位法原理。管道铺设时，将磁标记按照已知里程安装于管道表面，用于辅助检测器及检测缺陷的里程精确定位。

3）地面标记系统定位法

地面标记系统定位法也称为地面 marker，作为管道检测的配套设备，一般由工作人员安装于已知位置信息管道处，可检测并记录检测器经过设标参考点的时间，通过数据解算，辅助检测器及检测缺陷的里程精确定位信息。

实际应用：以上三类方法，均为管道外部标记法，一般作为辅助定位方法，与其他定位方法联合使用，实现检测器里程高精度定位，并能判定检测器在管道内的卡堵情况。

8.2.7　系统融合定位法

前面分别介绍了检测器及管道缺陷的不同定位方法，对比了不同方法及实际应用情况。管道内检测器实际开发过程，为了提高其复杂工况的抗干扰能力，保证检测器及检测缺陷定位精度，综合不同定位方法的优缺点，一般将不同定位方法组合使用。主流技术具体如下。

1）里程与加速度计融合定位法

一般以里程定位法为主、加速度定位法为辅进行补偿修正。里程定位法可实时获取检测器的里程位置信息，但不能判断里程轮打滑、空转、反转等状态。加速度定位法可实时获取检测器的加速度信息，从而判定检测器目前为加速、减速、匀速状态，而且通过一次积分可获取检测器速度信息，通过二次积分可获取其位置信息。通过加速度定位法对里程定位法提供检测器状态数据进行补偿修正，即可判定并补偿里程轮打滑、空转、反转等状态下里程定位法误差，从而在一定程度上提高检测器及检测缺陷的里程定位精度。

2）里程与负压力波融合定位法

一般以里程定位法为主、负压力波定位法为辅进行补偿修正。里程定位法的工作状态同前，负压力波定位法实时获取检测器相对于管道起始点的相对位置信息，为里程定位法提供数据支撑，即可判定并补偿里程轮打滑、空转、反转等状态下里程定位法的误差,从而在一定程度上提高检测器及检测缺陷的里程定位精度。

3) 里程与声波融合定位法

一般以里程定位法为主、声波定位法为辅进行补偿修正。其工作过程同里程与负压力波融合定位法。

4) 里程与外部标记融合定位法

一般以里程定位法为主、外部标记定位法为辅进行补偿修正。里程定位法可实时获取检测器当前的里程信息,里程轮打滑、空转、反转等状态不可避免地会引入里程定位误差,但由于管道外部标记为已知的里程位置标记信息,检测器每经过一个标记点均可对其采样,因此可借助其已知里程位置信息,对检测器里程定位法进行阶段性修正,从而在一定程度上提高检测器及检测缺陷的里程定位精度。

5) 里程与惯导系统融合定位法

以上方法只能实现检测器及检测缺陷的里程定位,并保证一定的精度,但不能实现检测缺陷的时钟定位(即相对于管道横截面的时钟方位)。里程与惯导系统融合定位法中,里程定位法可实时获取检测器当前的里程信息,惯导系统定位法可实时补偿里程轮定位法的里程轮打滑、空转、反转等状态误差,从而保证检测器及检测缺陷的里程定位精度。另外,由于惯导系统可实时获取检测器的三维姿态信息,从而也可获取缺陷的时钟定位信息。因此针对当前管道检测领域越来越高的需求,里程与惯导系统融合定位法成为检测器及检测缺陷高精度定位的最主流技术,既可实现检测缺陷高精度里程定位,又可实现其相对于管道横截面的时钟定位。

8.3　里程惯导融合定位技术与实现

前面针对管道缺陷高精度定位,对当前国内外不同主流技术进行了概述,并总结了里程与惯导系统融合定位法为当前的最主流技术。本节将对里程与惯导系统融合定位技术与实现进行详细介绍,具体如下。

8.3.1　总体控制方案设计

里程与惯导系统融合定位技术的系统总体方案设计如图 8-9 所示。整个系统主要由里程轮系统、惯导系统、信号调理及接口电路、MCU 主控系统、数据存盘、供电系统等六部分组成。

整个工作过程通过里程轮打点采样,即里程轮每转动一个齿,系统完成一次数据采样。采样数据包含里程轮计数数据,惯导系统三维姿态数据以及三轴陀螺仪、三轴加速度计原始数据;经信号调理、接口电路处理后传至 MCU 主控系统;MCU主控系统将数据进行组帧打包,然后进行数据存盘。最终,内检测器工作过程完毕,通过离线数据分析(里程、惯导双方案数据融合算法处理),完成整个过程检测

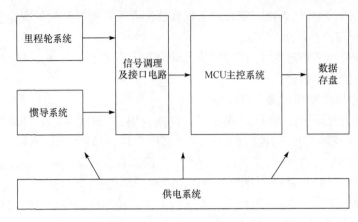

图 8-9　里程与惯导系统融合定位技术总体方案设计

器及检测缺陷定位分析(包含里程定位及时钟定位)。供电系统完成整个系统的供电需求。

以上仅介绍了数据存盘、离线数据分析模式,本模式也为当前领域内海底管道漏磁内检测器的常规工作模式。根据实际需求,也可为实时在线分析模式,即MCU 主控系统将采样数据组帧打包后向上发送于 PC 终端,PC 终端对上传数据帧实时解析,实时判断当前检测器的工作状态,完成管道缺陷的动态检测。

8.3.2　总体结构方案设计

根据系统总体方案设计,其结构方案设计如图 8-10 所示。整个结构系统主要由惯导系统舱体、里程轮结构系统、信号传输线缆及接口、其他辅助结构等组成。图中,里程轮系统设计了 3 个里程轮,根据用户所需,同样可设计其他数量。

惯导系统舱体结构设计作用有三个:一是匹配整个检测器产品在管道内运行,满足结构支撑、动力运行等必需的结构条件;二是其内部用于安装惯导系统的电控部分,通过结构舱体的密封性解决高温高压油、水、气环境下惯导系统的正常工作问题;三是通过结构定位安装,实现产品大系统总体设计方案漏磁检测节、里程系统节、惯导系统节相对初始位置的校正,作为整个系统不同部分的结构初始化基准,以满足后续数据融合处理的需要。

里程系统根据检测精度所需设计,如图 8-10 所示,整个里程系统与惯导姿态舱设计为一体。实际工作过程中,3 个里程轮在管道内同时转动,系统实时跟踪转动最快的里程轮作为定位基准(默认此状态里程轮无打滑、空转、反转等现象,后期经惯导系统进一步补偿修正)。三组弹簧结构的作用有两个,一是使 3 个里程轮臂体可不同程度压缩弹起,以实现里程轮系统针对不同管道管径的自适应性;二是通

传输线缆　　支撑皮碗　　传输线缆

惯导系统舱体　　里程轮结构系统

图 8-10　里程惯导系统总体结构方案设计

过弹簧力度增加里程轮与管道内壁的摩擦力,以便从一定程度上降低里程轮的打滑因素。

其他辅助结构主要包含支撑皮碗、万向节等。支撑皮碗用于整个分机在管道内的物理支撑,以配合产品整机结构在管道内的运行条件。万向节用于本分机与产品其他分机的物理连接。根据实际所需,工作过程需要本分机节,可直接挂接本分机,不需要则通过万向节直接拆卸分机节。

8.3.3　里程系统方案设计

以图 8-10 为例,本里程轮系统设计为三组里程轮,系统实时跟踪计数最快的里程轮作为里程定位基准,通过不同里程轮切换,在一定程度上提高检测器及检测缺陷里程定位精度。

里程系统的工作原理为通过传感器感应里程轮转速,传感器输出信号传至MCU 主控系统,结合机械里程轮转动,获得产品实际前进距离的里程计数。

定义里程轮输出信号测得的检测器运行速度为 v,则有如下公式:

$$v = fd \tag{8.1}$$

式中，v 为检测器速度；f 为里程轮输出信号频率；d 为每个里程信号的行进距离。

传统编码器一般均具备 A、B 相位差 90°的两相波形输出，实现全向轮正向、反向旋转判断（不同方向旋转，A、B 相波形输出谁超前 90°相位随方向不同而相反），即实现检测器周向方向正向、反向旋转判断。

但为了进一步提高系统的测量精度，通过低成本传感器实现高精度测量，可设计倍频电路，对 A、B 相波形边沿均进行采样，整合出新的波形输出（通过数字门电路逻辑芯片进行逻辑处理），如图 8-11 所示。由图可见，波形正好实现二倍频，即将编码器步进精度提高一倍（如 5000 线编码器实现 10000 线精度）。此时对 A、B 相原始波形以及新波形同时进行采样处理，即可实现检测器旋转方向的判断，同时可将编码器精度提高一倍。

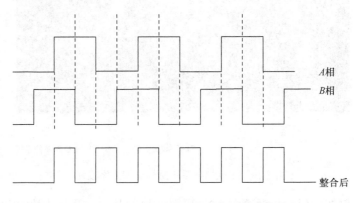

图 8-11　里程轮旋转采样时序控制示意图

8.3.4　惯导系统方案设计

根据以上分析及系统总体方案设计，本处惯导系统设计为三轴陀螺仪 ＋ 三轴加速度计架构，其整体设计框图如图 8-12 所示。

整个系统中的三轴陀螺仪完成产品三维姿态角度的检测，三轴加速度计完成产品三维加速度信息的检测，经信号调理及接口电路处理，将采样数据传至 MCU 主控系统，MCU 主控系统对采样原始数据组帧打包，最终上传整机数据记录系统，以便支撑后续离线数据分析、检测器及检测缺陷里程以及时钟定位。

以三轴陀螺为基础元件，可实现三维旋转角速度检测，通过一次积分可获取产品三维姿态角度数据。陀螺仪本质上存在时漂特性，引进姿态检测误差，可通过三轴加速度计作为辅助元件，与三轴陀螺进行同坐标系方位安装设计，实现同方向三轴加速度的信息采样，以重力加速度方向作为参考基准，对陀螺仪进行实时校正，从而修正补偿陀螺仪本质上存在的时漂误差问题，提高系统姿态的检测精度，最终完成检测器及检测缺陷高精度时钟定位。

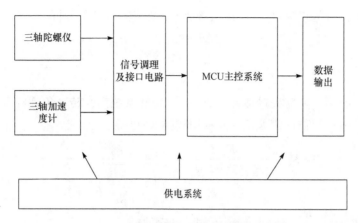

图 8-12　惯导系统总体方案设计

三轴陀螺仪与三轴加速度计融合方案设计及算法实现具体如下。

1. 三轴加速度计数据采集与处理

根据大地坐标系,定义三轴加速度计 x、y、z 三个轴向采样加速度值分别为 G_x、G_y、G_z。系统静止时,其三轴矢量和即为重力矢量:

$$\| \boldsymbol{G} \|^2 = G_x^2 + G_y^2 + G_z^2 \tag{8.2}$$

对矢量 $\boldsymbol{G}$ 进行归一化处理可得

$$\begin{cases} R_x = G_x / \| \boldsymbol{G} \| \\ R_y = G_y / \| \boldsymbol{G} \| \\ R_z = G_z / \| \boldsymbol{G} \| \end{cases} \tag{8.3}$$

进一步处理可得系统当前的重力矢量为

$$\| \boldsymbol{R}_{\mathrm{acc}} \| = \sqrt{R_x^2 + R_y^2 + R_z^2} = 1 \tag{8.4}$$

重力矢量同 x、y、z 各坐标轴矢量方向为

$$\begin{cases} \sin\theta_x = \dfrac{R_y}{\sqrt{R_y^2 + R_z^2}} \\[3mm] \sin\theta_y = \dfrac{R_x}{\sqrt{R_x^2 + R_z^2}} \\[3mm] \sin\theta_z = \dfrac{R_y}{\sqrt{R_x^2 + R_y^2}} \end{cases} \tag{8.5}$$

2. 三轴陀螺仪数据采集与处理

根据大地坐标系,定义三轴陀螺仪沿 x、y、z 三个轴向转动的角速度分别为

W_x、W_y、W_z。根据里程打点,系统采样时间间隔定义为 ΔT,则有

$$\begin{cases} \Delta\theta_x = W_x \Delta T \\ \Delta\theta_y = W_y \Delta T \\ \Delta\theta_z = W_z \Delta T \end{cases} \tag{8.6}$$

由上一时刻加速度矢量估计值 $\boldsymbol{R}_{\mathrm{est}}(n-1)$ 和系统当前转动角度可得当前时刻重力矢量的另一个估计值 $\boldsymbol{R}_{\mathrm{gyro}}(n)$,利用式(8.6)可得

$$R_x = \frac{R_x}{\sqrt{R_x^2 + R_y^2 + R_z^2}} = \frac{R_x / \sqrt{R_x^2 + R_z^2}}{\sqrt{1 + \dfrac{R_y^2 R_z^2}{(R_x^2 + R_z^2) R_z^2}}} \tag{8.7}$$

由 $\sin\theta_y = \dfrac{R_x}{\sqrt{R_x^2 + R_z^2}}$,$\tan\theta_z = \dfrac{R_y}{R_x}$,进一步可得

$$R_x = \frac{\sin\theta_y}{\sqrt{1 + \sin^2\theta_y \cdot \tan^2\theta_z}} \tag{8.8}$$

同理可得

$$R_y = \frac{\sin\theta_x}{\sqrt{1 + \sin^2\theta_x \cdot \cot^2\theta_z}} \tag{8.9}$$

$$R_z = \sqrt{1 - R_x^2 - R_y^2}$$

式中,θ_x、θ_y、θ_z 为前一时刻重力矢量同坐标轴的夹角与系统转动角度 $\Delta\theta_x$、$\Delta\theta_y$、$\Delta\theta_z$ 之和。此时重力矢量估计值为

$$\boldsymbol{R}_{\mathrm{gyro}}(n) = (R_x, R_y, R_z) \tag{8.10}$$

3. 三轴陀螺仪与三轴加速度计数据融合处理

系统当前时刻的重力矢量估计 $\boldsymbol{R}_{\mathrm{est}}(n)$ 可由加速度传感器测得的当前重力加速度矢量 $\boldsymbol{R}_{\mathrm{acc}}(n)$ 与 $\boldsymbol{R}_{\mathrm{gryo}}(n)$ 加权平均得到:

$$\boldsymbol{R}_{\mathrm{est}}(n) = \frac{\boldsymbol{R}_{\mathrm{acc}}(n) + W\boldsymbol{R}_{\mathrm{gyro}}(n)}{1 + W} \tag{8.11}$$

式中,W 为陀螺仪权值:

$$W = 120 - \frac{1}{(\parallel \boldsymbol{G} \parallel - 1)^2 + 0.01} \tag{8.12}$$

当加速度矢量绝对值接近于重力加速度 g,即对应管道内检测器静止工况或匀速运行工况时,系统理想状态下不受其他外力作用,陀螺仪权值最小,系统重力矢量估计值以加速度传感器返回值为准,即依赖于三轴加速度计进行系统三维姿态解算、三轴陀螺仪进行补偿修正。

当加速度矢量绝对值偏离重力加速度 g,即对应管道内检测器加速、减速、拐

弯等运行工况时,系统受到外力作用,加速度传感器返回值偏离重力矢量方向,陀螺仪权值增加,系统以陀螺仪估计值为准,即依赖于三轴陀螺仪进行系统三维姿态解算、三轴加速度计进行补偿修正。

8.3.5　里程与惯导系统融合定位方案设计

前面针对里程惯导总体控制方案、总体结构方案、里程系统方案设计、惯导系统方案设计分别进行了介绍。里程系统采用多里程轮结构,切换控制算法实时跟踪最快里程轮,以最大限度地提高检测器里程的定位精度。惯导系统采用三轴陀螺仪 ＋ 三轴加速度计架构,通过不同工况融合算法处理,实现检测器高精度三维姿态检测。但检测器在管道内实际运行过程中,不可避免地存在检测器随机自转前进,里程轮打滑、空转、反转等恶劣工况,欲实现检测缺陷高精度里程定位及时钟定位,依靠单一的里程定位技术、惯导定位技术将不能满足需求,必须采用里程与惯导系统融合定位技术。其具体思想如下。

1. 检测缺陷高精度里程定位

为了在一定程度上提高管道缺陷里程的定位精度,8.3.3 小节针对多里程轮结构、切换控制算法进行了介绍。本小节将针对管道恶劣工况,进一步引入惯导系统进行融合设计。

1) 直管段与弯头管段工况

在直管段工况,由于里程轮打滑等,会存在不同里程轮转速不同的工况,因此设计采用多组里程轮,切换控制算法,始终跟踪转速最快里程轮方案(默认转速最快里程轮为无打滑理想工况)。但检测器在经过弯管段工况时,即使里程轮不打滑,由于管壁内外弧长度不同,同样存在里程轮转速不同的工况(外侧里程轮转速大于内侧里程轮)。此时仅依靠单一里程轮系统方案,将不能判断工况为里程轮打滑工况,还是弯管工况,会影响管道缺陷的定位精度。

为了解决以上需求,在此基础上可进一步引入惯导系统姿态信息。直管段工况下,三轴加速度计只有沿管道径向方向存在加速度数据,周向方向的加速度信息可等效为零加速度。而对于弯管工况,由于检测器经过弯管时具有惯性离心作用,此时除管道径向方向存在加速度数据,沿管道周向方向也存在离心加速度数据。因此可通过三轴加速度计信息,判定此时管道工况为直管段还是弯管段,通过多组里程轮系统方案判定里程轮打滑工况。若为弯管工况,通过姿态信息可判定多组里程轮在管壁的不同分布(检测器结构设计决定,里程系统相对于姿态系统零点,其相对坐标将为固定信息,根据检测器实时姿态信息,可判定多组里程轮于管道周向实时分布信息),从而通过姿态、里程数据融合运算,以最大限度地提高管道缺陷的定位精度。

2) 里程轮打滑、空转、反转工况

无论直管段或是弯管段,对于里程轮打滑、空转、反转等工况,此时仅依靠多组里程轮方案将不能最大限度地保证管道缺陷里程定位精度。

为了解决以上需求,可进一步引入惯导系统三轴加速度计信息。加速度信息通过一次积分可得速度信息,通过二次积分可得位置信息。针对离散的里程点,计算公式如下:

$$
\begin{cases}
v_{k+1} = \sum_{k}^{k+1} a_{k+1} + v_k \\
s_{k+1} = \sum_{k}^{k+1} v_{k+1} \\
\Delta s = s_{k+1} - s_k
\end{cases}
\tag{8.13}
$$

式中,k、$k+1$ 分别为里程轮两个相邻采样点的间隔;v_{k+1} 为系统当前采样点的速度信息;v_k 为上一采样点的速度信息;a_{k+1} 为当前采样点的加速度信息;s_{k+1} 为系统当前采样点的位置信息;Δs 为两个相邻采样点间的行进位移信息。

沿管道径向方向,通过时间间隔对加速度信息进行积分运算,即可得检测器动态速度信息、动态位移信息、相邻采样点间的行进位移信息。通过加速度信息解算检测器实时速度信息、位置信息,可有效避免里程轮打滑、空转、反转等工况误差,通过与里程数据融合运算,可进一步提高管道缺陷里程的定位精度。若检测器处于静止或匀速工况,此时加速度信息为近零状态,误差较大,此时可以以里程轮定位解算为主,通过加速度信息,可判定检测器为静止或匀速状态。结合不同里程轮的理论转速状态,可作为里程轮是否出现打滑、空转、反转的判定标准。

3) 检测器在管道内随机自转前进工况

理想状态下,检测器在管道内运行不存在自转现象,其实际行进位移即可作为实际里程,用于管道缺陷里程定位。但在实际过程中,检测器在管道内运行将存在随机自转现象,里程轮实际记录轨迹将为曲线模式,将三维管道沿径向方向展开为二维平面,如图 8-13 所示,解算位移信息将比实际里程大大增大,不能保证管道缺陷里程的定位精度。

为了解决以上需求,可进一步引入惯导系统三维姿态信息。检测器通过惯性系统获得的周向方向旋转姿态数据,即为此时里程轮实际运行轨迹上管道径向的夹角。以里程轮两个采样点位移作为一个单位,结合姿态角度信息将里程记录位移映射至管道径向方向,即可得用户需求里程数据。其解算方法如图 8-14 所示。

图 8-14 中,K 点至 $K+1$ 点为里程轮两个采样点的实际行进轨迹;θ 角为里程轮实际行进轨迹与管道径向用户需求里程方向的夹角;K 点至 A 点为用户需求实际里程。由图 8-14 可见,通过三角函数运算,即可得出 K 点至 A 点用户需求实际里程信息:

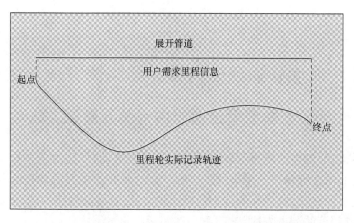

图 8-13　里程轮实际记录轨迹与用户需求里程分布图

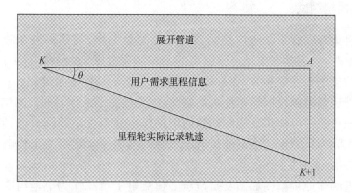

图 8-14　检测器用户需求里程信息解算

$$\Delta S_{K-A} = \Delta S_{K \to K+1} \cdot \sin\theta \tag{8.14}$$

式中，ΔS_{K-A}为用户需求实际里程；$\Delta S_{K \to K+1}$为里程轮两个采样点间的实际行进位移；θ为里程轮实际行进轨迹与管道径向用户需求里程方向的夹角。

通过式(8.14)即可得出户需求里程信息；针对里程轮连续旋转行进，采用式(8.14)对里程轮相邻步进点里程进行重复迭代运算，即可得出检测管道全程用户需求里程信息，从而作为管道缺陷高精度里程定位的数据支撑。

2. 检测缺陷高精度时钟定位

以上针对管道缺陷高精度里程定位进行了详细设计，检测缺陷高精度时钟定位建立在高精度里程定位的基础上。在缺陷里程位置点上对当前姿态信息进行解算(采用8.3.4小节的惯导系统方案)，结合漏磁检测数据，即可得出管道缺陷高精度时钟定位信息。

第9章　海底管道漏磁内检测器测试方法与试验验证

9.1　海底管道漏磁内检测器测试方法

海底管道漏磁内检测器测试主要是实验室测试,测试的对象是检测器的各部分,测试它们的性能是否达到设计值。本节介绍海底管道漏磁内检测器的电池组测试、磁化单元测试、漏磁检测传感器单元测试、姿态检测系统测试、里程检测系统测试等组成部分的测试方法。

9.1.1　电池组测试

电池组为海底管道漏磁内检测器各类传感器工作、数据采集存储提供电能。在选择电池时,一般参考电池厂家给出的工作温度范围、额定容量、工作电流及不同温度下的放电曲线等参数,在设计电池组时会留出一定的余量。

海底管道漏磁内检测器电池组的测试,主要是测试工作时间。测试方法是:采用通过模拟负载使电池组在检测器的额定工作电流条件下连续放电,监控电池组的放电电流和电压数据。当电池组电压下降到检测器额定最小工作电压时,总的放电时间为电池组的工作时间。

电池组测试原理框图如图 9-1 所示。恒流电子负载作为电池组的负载,使电池组按稳定的电流放电,电流表和电压表分别监测电池组的电流和电压,并采集数据。例如,某漏磁内检测器的标称工作电压是 V_1,电压范围是 $V_{min} \sim V_{max}$,工作电流为 I_1,则电子负载的电流设定为 I_1,在常温(25℃)下连续监测全新电池组的放

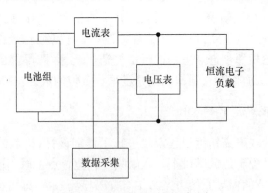

图 9-1　电池组测试原理框图

电电流电压曲线如图 9-2 所示。根据放电电压曲线,电池组在连续放电,电压下降到最低安全工作电压 V_{min},则电池组在常温(25℃)时的工作时间为该电压对应的时间。若需要测试不同温度下的工作时间,则将测试电路及电池组放入确定的温度试验箱内进行试验,获得该温度下的工作时间。

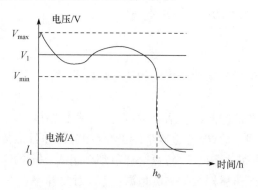

图 9-2　电池组放电曲线

电池组的放电性能与温度有很大关系,工作温度越高,放电性能越好,输出电压越高,工作时间越长。

9.1.2　磁化单元测试

磁化单元测试,主要是测试是否达到仿真设计要求,是否能使管壁饱和磁化。检测时,整个漏磁检测节和完整的管壁组成了磁化磁路,考虑到管道、漏磁检测节以及磁场分布的均匀对称性,漏磁磁化单元测试方法如图 9-3 所示,采用单组磁化单元和待检测的钢管壁的纵向切片,组成 $1/n$(n 为漏磁检测节的单组磁化单元总数)的磁路单元,钢管壁的纵向切片中心位置处打一个小孔,用高斯计测量小孔中的空气隙磁场。测量结果与磁路仿真结果进行对比,误差在 15% 以内,可认为磁化单元达到设计要求,能使管壁饱和磁化。

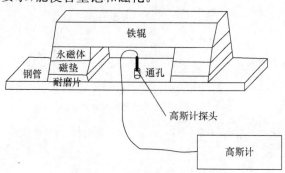

图 9-3　磁化单元测试示意图

9.1.3　漏磁检测传感器单元测试

漏磁检测传感器单元内包含了用于测量漏场的磁传感器和内外缺陷区分传感器。磁传感器需要精确测量漏磁场的大小,而内外缺陷区分传感器检测外缺陷区分性能,因此两种传感器的测试方法不一样。

1. 磁传感器测试

磁传感器测试包括静态性能测试和动态性能测试。

1) 静态性能测试

磁传感器的静态性能测试包括灵敏度、分辨率和精度等参数。尽管磁传感器生产厂家会给出这些参数,但传感器个体仍存在差异,并且磁传感器输出信号经过采集电路滤波、缓冲和数字化转换,每个环节都会引入一定的误差。漏磁检测利用的是数字化之后的磁传感器数据来测量漏磁场,因此静态性能测试通过真实磁场与数字化后的数据之间的关系来确定磁传感器的参数。

磁传感器静态性能测试方法如图 9-4 所示,利用磁化电源给两个形状一样、同轴平行的磁化线圈通以稳定的直流电,两个磁化线圈中心位置产生均匀的磁场 B,传感器单元置于磁场中,用传感器单元测试设备读取磁传感器数据,同时用高斯计测量磁场的真实大小。根据磁传感器需要测量的磁场范围,设置一系列不同的磁场值,得到对应的传感器输出的数据,计算出传感器的灵敏度、分辨率和精度等参数,作为精确测量漏磁场的依据。由于传感器单元的磁传感器按两个敏感方向分布,因此需要对传感器单元按两个方向进行测试。图 9-4 所示为 x 方向的传感器测试,将传感器单元转置 90°,可进行 y 方向的传感器测试,再进行 z 方向的传感器测试。3 个方向分别有多个磁传感器,应分别对每个传感器计算其灵敏度和精度。

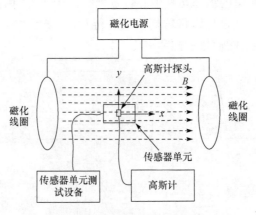

图 9-4　磁传感器测试示意图

2）动态性能测试

缺陷漏磁场信号是变化的信号，有一定的运行速度，因此磁传感器检测的是一个动态的信号，需要对其动态响应特性进行测试。动态测试仍采用图 9-4 所示的测试方法，只是将磁化电流由直流改为交流，线圈产生交流磁场。电流的幅度值不变，改变交流电流的频率，即磁场的幅度不变、频率变化，检测磁传感器对不同频率的磁场响应情况。

2. 内外缺陷区分传感器测试

内外缺陷区分传感器测试的目的是验证传感器单元区分管道内壁缺陷和外壁缺陷的性能。

内外缺陷区分传感器的测试如图 9-5 所示，将加工有内壁缺陷和外壁缺陷的管壁纵向切片放置在两个磁化线圈中的均匀或动态磁场中，给磁化线圈通以合适的直流电流，使其产生的磁场将管壁纵向切片饱和磁化，模拟真实管道检测时漏磁检测节给内外缺陷区分传感器带来磁环境。使传感器单元在管壁纵向切片的内壁进行扫查，传感器单元测试设备记录内外缺陷区分传感器的信号，比较内壁缺陷和外壁缺陷的信号差异是否满足内外壁缺陷区分的要求。

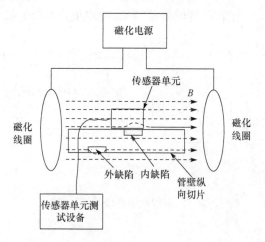

图 9-5　内外缺陷区分传感器测试示意图

9.1.4　姿态检测系统测试

姿态检测系统的测试主要测试其测量范围、分辨率和精度等性能参数。姿态检测系统测试方法如图 9-6 所示，将姿态检测系统与电控转台同轴固定，电控状态转角的分辨率和精度远高于姿态检测系统的设计指标，控制电控状态转动到不同的角度，姿态检测系统测试设备检测姿态检测系统的输出，处理电控状态转角数据和姿态检测系统输出,确定姿态检测系统的测量范围、分辨率和精度等参数。

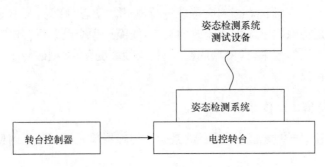

图 9-6　姿态检测节测试示意图

9.1.5　里程检测系统测试

里程检测系统的测试主要测试其远距离检测的相对误差,测试方法如图 9-7 所示,通过电机带动主动轮转动,主动轮再带动里程轮转动。主动轮的转动里程通过编码器进行测量,里程轮的转动里程通过里程检测系统测量。在不同速度、不同里程量的运行条件下,比较两者的测量结果,确定里程系统的检测误差。

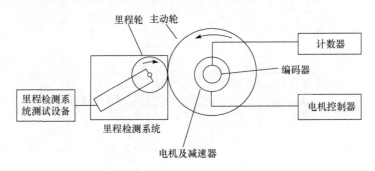

图 9-7　里程检测系统测试示意图

9.2　海底管道漏磁内检测器的环境试验

9.2.1　概述

海底管道漏磁内检测器作为特殊用途的电子设备,其自身结构非常复杂,要精确地描述设备内部各零部件结构关系的力学模型是非常困难的。如果结构设计中存在疏忽,就会在恶劣的机械环境中暴露许多薄弱环节,影响设备的使用可靠性。为了及时发现缺陷并进行改进,需要对海底管道漏磁内检测器开展系列试验验证,提前发现设计和工艺问题,分析问题出现的原因,采取必要的改进措施直到消除出现问题的因素,从而保证设备和系统在使用中的可靠性。

海底管道漏磁内检测器的环境试验是对内检测器施加模拟管道内工作环境条件而开展的试验,验证内检测器的机械性能和电气指标是否能满足设计指标要求和适应管道内环境的能力。

海底管道漏磁内检测器的环境试验程序如下:

(1)预处理。消除或部分消除前一个试验中对内检测器的影响。

(2)初始监测。试验前对内检测器的外观、机械和电气性能所做的检查和测试。

(3)条件试验。根据试验条件要求对内检测器施加试验。

(4)中间检测。试验过程中对试验设备和内检测器的外观、机械和电气性能的检测。

(5)恢复。条件试验结束后,为了消除可能出现的如大气压、温度的变化,材料表面吸湿等非本次试验因素对内检测器的影响,应使内检测器恢复到正常工作状态。

(6)最后检测。完成试验之后,全面检测内检测器的外观、机械和电气性能,并确认本次环境试验对内检测器的影响程度以及内检测器是否满足试验要求。

9.2.2　整机抗振动能力的验证

整机抗振动能力的试验验证整机机械和电气性能在振动环境条件的适应性。

在电子设备的振动试验中,振动台的作用是模拟设备在实际工况中的振动环境,验证设备在此环境中的可靠性。

将试验对象置于振动台的台面上,当振动台产生一定频率的振幅或加速度时,通过台面对试验对象进行激振。

在实验室条件下,为了使试验和结果具有再现性和可比性,必须对被试样品的响应特性和试验设备的激励严酷度进行监控、监测。应重视如下问题:

(1)夹具和夹具安装。夹具是设备振动试验中必不可少的试验工具。试验中使用的夹具必须具有足够的刚度,总体上说,夹具的刚度及其安装方式应使被试设备在试验过程中与实际工况保持一致。

(2)试件安装位置。试件在试验设备上安装时,应尽可能使试件的重心垂线与试验工作台面的几何中心重合,这样可使试验设备保持其应有的精度。

(3)控制点和测量点的选择。用于监测试验台输出的传感器,其安装位置应尽可能靠近试验台面的中心。采用多点监测时,监测点的选择原则是能综合反映试验台的动态特性。如果试验夹具被认为对试验结果有影响,而又没有措施排除时,应在夹具上最能反映这种影响的部位安装监测传感器。有的试验设备具有输出控制的功能,则监测点可用控制点代替。被试设备的测量点应根据预期的响应,选择感兴趣的部位。

9.2.3　整机高低温适应性能力的验证

整机高低温适应性的验证整机电气性能在高温或低温环境条件的适应性。

在电子设备的高低温试验中,温箱的作用是模拟设备在实际工况中的温度环境,验证设备在此环境中的可靠性和适应性。

将试验对象置于温箱的工装台面上,温箱温度达到预定值一定时间后对设备进行通电测试。

在实验室条件下,高低温试验应注意如下事项:

(1) 温箱的选择。温箱作为温度试验中环境条件的保持者,首先,对于试件而言,大小尺寸合适;其次,能达到的温度、湿度和温变率达到试验要求。

(2) 试件的安装。试件在温箱内安装时,应尽可能使试件温度不受温箱的温度源和箱体的影响,这样可使试件温度更接近真实的温度。

(3) 试验时间的控制。试件在一定温度条件下保持足够长的时间,确保试件内部零件或元器件达到预定的温度值,俗称让试件达到"热透"或"冷透"。

9.2.4　整机在直管道中通过性的验证

整机在直管通道中的通过性验证整机在含变径、缺陷和焊瘤等工况直管道中的通过和环境适应性。

验证整机在直管道中通过性的试验称为牵拉试验。牵拉试验是通过卷扬机直接作用在被试对象上,使试件按照一定的速度在直管道内运动。考核试件在近似真实直管道工况下的机械和电气性能是否满足使用要求。目前,航天科工集团第三十五研究所已建成一套适合6~16in不同口径内检测器的牵拉试验平台,可以开展系列内检测器的直管道牵拉试验。

9.2.5　整机环路平台综合性能的验证

整机环路平面综合性能验证整机在不同介质、不同压力、不同流速、不同曲率半径弯管和不同缺陷类型管道等情况组合的管道内通过和环境适应性。

验证整机在不同介质、不同压力、不同流速、不同曲率半径弯管和不同缺陷类型管道等情况组合的管道内的试验称为环路平台综合性能试验。环路平台综合性能试验根据使用介质的不同又可分为水压环路平台试验和气压环路平台试验。在环路平台试验前要借助泡沫球、机械球、钢刷球或磁铁球对环路平台进行评估,确保环路平台本身满足试件的试验条件后再使用。环路平台试验时可对介质施加一定的压力和速度,介质驱动被试对象运动,考核试件在含有不同半径弯管环路平台中机械和电气性能是否满足使用要求。

中海油能源发展装备技术有限公司在塘沽已建成如图 9-8 所示的总长约760m 的内检测器环路平台综合性能试验场,可以对内检测器开展不同介质、不同压力、不同流速、不同弯管半径和缺陷类型等情况组合的环路平台综合性能试验。

图 9-8　内检测器环路平台综合性能试验场

9.2.6　产品耐磨性的验证

产品耐磨性验证整机中和管壁有接触摩擦的零部件的使用可靠性和满足指标要求的能力。

海底管道漏磁内检测器根据其功能和使用特点,有部分零部件要和管道内部长期接触摩擦,需要对这些零部件的可靠性和满足指标能力进行试验验证。将这些零部件可靠固定在工装上,利用离心机的连续曲线运动实现对零部件摩擦的长距离运动换算。

9.2.7　密封性的验证

密封性验证机械结构、密封连接器和电缆在外压作用下的工作适应性和可靠性。

海底管道漏磁内检测器需要长期在外部介质(液体和气体)压力作用下工作,机械结构和密封连接器在介质压力作用下需要保持不漏不渗,密封连接器和电缆在介质压力作用下需要保持电气性能不降低。将这些试件装配可靠性放入压力试验装置中并保持足够长的时间后进行湿度、阻抗等的测试,考核机械结构、密封连接器和电缆的工作适应性和可靠性。

9.2.8　耐腐蚀性的验证

耐磨蚀性验证(不同介质的试验)设备使用的金属和非金属材料的耐环境腐蚀性。

海底管道漏磁内检测器的使用环境恶劣,多为潮湿、盐雾等腐蚀性环境,设计时尽可能采用高耐蚀性材料,采用耐蚀性表面处理、电化学保护和防腐蚀结构设计等措施。对于使用的新材料和新工艺需要开展充分的腐蚀性环境因素试验,确定新材料和新工艺要采取的保护程度和防护手段。

9.3　试 验 数 据

某海底管道漏磁内检测器产品在环路平台综合性能试验场针对 100 个缺陷进行检测和自动识别的结果如表 9-1 所示,有效实现了缺陷的准确检测和高精度量化。

表 9-1　环路平台实测数据

编号	内外壁	距最近焊缝轴向位置/mm	时钟方位	缺陷实际尺寸/mm			缺陷形状	缺陷检测量化尺寸		
				长	宽	深		长/mm	宽/mm	(深/壁厚)/%
1	内	230	3	10	10	1	针孔腐蚀	8	15	10
2	内	510	3	20	10	1	轴向开槽	26	17	12
3	内	790	3	40	10	1	轴向开槽	40	11	12
4	内	1070	3	60	10	1	轴向开槽	64	13	12
5	内	1350	3	10	20	3	环向开槽	8	30	39
6	内	1630	3	20	20	3	腐蚀坑	22	36	25
7	内	1910	3	40	20	3	轴向开槽	38	23	34
8	内	2190	3	60	20	3	轴向开槽	58	21	24
9	内	2470	3	10	40	5	环向开槽	8	47	64
10	内	2650	3	20	40	5	环向开槽	22	38	68
11	内	230	9	40	40	5	普通缺陷	46	42	54
12	内	510	9	60	40	5	普通缺陷	56	38	57
13	内	790	9	10	60	7	环向开槽	12	60	67
14	内	1070	9	20	60	7	环向开槽	24	59	70
15	内	1350	9	40	60	7	普通缺陷	48	58	67
16	内	1630	9	60	60	7	普通缺陷	58	60	62

续表

编号	内外壁	距最近焊缝轴向位置/mm	时钟方位	缺陷实际尺寸/mm			缺陷形状	缺陷检测量化尺寸		
				长	宽	深		长/mm	宽/mm	(深/壁厚)/%
17	内	1910	9	10	10	3	针孔腐蚀	8	13	23
18	内	2190	9	20	10	3	轴向开槽	18	15	28
19	内	2470	9	40	10	3	轴向开槽	38	13	30
20	内	2650	9	60	10	3	轴向开槽	58	15	29
21	外	230	3	10	20	5	环向开槽	12	19	57
22	外	510	3	20	20	5	腐蚀坑	20	15	49
23	外	790	3	40	20	5	轴向开槽	42	20	55
24	外	1070	3	60	20	5	轴向开槽	60	18	51
25	外	1350	3	10	40	7	环向开槽	10	43	63
26	外	1630	3	20	40	7	环向开槽	20	43	69
27	外	1910	3	40	40	7	普通缺陷	46	43	59
28	外	2190	3	60	40	7	普通缺陷	28	59	73
29	外	2470	3	10	60	1	环向开槽	10	51	13
30	外	2650	3	20	60	1	环向开槽	30	35	25
31	外	230	9	40	60	1	普通缺陷	40	49	16
32	外	510	9	60	60	1	普通缺陷	68	49	21
33	外	790	9	10	10	5	针孔腐蚀	8	19	45
34	外	1070	9	20	10	5	轴向开槽	26	14	46
35	外	1350	9	40	10	5	轴向开槽	40	16	47
36	外	1630	9	60	10	5	轴向开槽	60	22	25
37	外	1910	9	10	20	7	环向开槽	8	27	66
38	外	2190	9	20	20	7	腐蚀坑	20	34	72
39	外	2470	9	40	20	7	轴向开槽	47	34	58
40	外	2650	9	60	20	7	轴向开槽	55	39	68
41	内	230	9	10	40	1	环向开槽	8	31	32
42	内	510	9	20	40	1	环向开槽	27	28	22
43	内	790	9	40	40	1	普通缺陷	40	39	24
44	内	1070	9	60	40	1	普通缺陷	64	35	24
45	内	1350	9	10	60	3	环向开槽	8	57	53
46	内	1630	9	20	60	3	环向开槽	24	56	60

编号	内外壁	距最近焊缝轴向位置/mm	时钟方位	缺陷实际尺寸/mm			缺陷形状	缺陷检测量化尺寸		
				长	宽	深		长/mm	宽/mm	(深/壁厚)/%
47	内	1910	9	40	60	3	普通缺陷	40	50	42
48	内	2190	9	60	60	3	普通缺陷	58	54	45
49	内	2470	9	10	10	7	针孔腐蚀	10	19	54
50	内	2650	9	20	10	7	轴向开槽	27	20	69
51	内	230	3	40	10	7	轴向开槽	48	19	47
52	内	510	3	60	10	7	轴向开槽	58	23	58
53	内	790	3	10	20	1	环向开槽	8	18	17
54	内	1070	3	20	20	1	腐蚀坑	22	17	16
55	内	1350	3	40	20	1	轴向开槽	33	15	20
56	内	1630	3	60	20	1	轴向开槽	60	13	28
57	内	1910	3	10	40	3	环向开槽	8	28	43
58	内	2190	3	20	40	3	环向开槽	18	45	41
59	内	2470	3	40	40	3	普通缺陷	38	39	43
60	内	2650	3	60	40	3	普通缺陷	58	36	43
61	外	230	9	10	40	5	环向开槽	16	45	62
62	外	510	9	20	60	5	环向开槽	16	56	65
63	外	790	9	40	60	5	普通缺陷	42	43	62
64	外	1070	9	60	60	5	普通缺陷	62	59	69
65	外	1350	9	20	20	1	腐蚀坑	26	19	15
66	外	1630	9	20	40	1	环向开槽	30	19	50
67	外	1910	9	20	60	1	环向开槽	16	30	12
68	外	2190	9	20	20	3	腐蚀坑	22	16	52
69	外	2470	9	20	40	3	环向开槽	26	51	42
70	外	2650	9	20	60	3	环向开槽	18	44	46
71	外	230	3	20	20	5	腐蚀坑	26	19	60
72	外	510	3	20	40	5	环向开槽	22	41	59
73	外	790	3	20	60	5	环向开槽	26	54	66
74	外	1070	3	20	20	7	腐蚀坑	30	24	66
75	外	1350	3	20	40	7	环向开槽	26	42	63
76	外	1630	3	20	60	7	环向开槽	22	60	73

续表

编号	内外壁	距最近焊缝轴向位置/mm	时钟方位	缺陷实际尺寸/mm			缺陷形状	缺陷检测量化尺寸		
				长	宽	深		长/mm	宽/mm	(深/壁厚)/%
77	外	1910	3	40	20	1	轴向开槽	40	12	21
78	外	2190	3	40	40	1	普通缺陷	50	14	52
79	外	2470	3	40	60	1	普通缺陷	40	51	23
80	外	2650	3	40	20	3	轴向开槽	40	36	44
81	内	230	3	40	40	3	普通缺陷	38	31	45
82	内	510	3	40	60	3	普通缺陷	42	50	36
83	内	790	3	40	20	5	轴向开槽	40	20	56
84	内	1070	3	40	40	5	普通缺陷	40	25	53
85	内	1350	3	40	60	5	普通缺陷	40	56	56
86	内	1630	3	40	20	7	轴向开槽	42	37	67
87	内	1910	3	40	40	7	普通缺陷	48	40	66
88	内	2190	3	40	60	7	普通缺陷	30	45	54
89	内	2470	3	60	20	1	轴向开槽	58	18	26
90	内	2650	3	60	40	1	普通缺陷	64	38	29
91	内	230	9	60	40	1	普通缺陷	58	38	21
92	内	510	9	60	20	3	轴向开槽	52	21	47
93	内	790	9	60	40	3	普通缺陷	60	53	39
94	内	1070	9	60	60	3	普通缺陷	60	57	42
95	内	1350	9	60	20	5	轴向开槽	62	23	53
96	内	1630	9	60	40	5	普通缺陷	50	47	48
97	内	1910	9	60	60	5	普通缺陷	60	59	62
98	内	2190	9	60	20	7	轴向开槽	52	35	64
99	内	2470	9	60	40	7	普通缺陷	62	51	60
100	内	2650	9	60	60	7	普通缺陷	40	59	71

第 10 章　海底管道漏磁内检测器应用现场评估与使用

10.1　海底管道漏磁内检测器的使用方法

本节介绍海底管道漏磁内检测器的使用方法,包括海底管道漏磁内检测器的配套工具、工作模式、地面测试和检查、管道检测应用、维护与维修等内容。

10.1.1　配套工具

海底管道漏磁内检测器除本体外,还需要一些配套工具才能正常使用。常规的配套工具如下:

(1)控制软件。控制软件是操作者与检测器的交互接口,通过控制软件操作检测器的工作、状态检查、数据读取和管理等。

(2)计算机。计算机安装控制软件,各种控制软件操作均在计算机上进行。检测完成后,检测器内部存储的数据可以转移到计算机上。

(3)连接电缆。连接电缆连接海底管道漏磁内检测器与计算机,实现两者之间的信息传输。

10.1.2　工作模式

按海底管道漏磁内检测器的工作和使用特点,其工作模式可分为三种:待机模式、采集模式、测试模式。

1)待机模式

待机模式下,系统处于等待操作的状态,不进行数据采集和存储。在待机模式下,可对检测器进行设置和数据管理等操作。

2)采集模式

采集模式即检测器进入管道后的正常进行检测工作的状态。在采集模式下,检测器实时进行检测数据采集和存储。

3)测试模式

测试模式为对检测器进行检查的工作模式。通过向检测器发送各种指令,对产品各项功能和性能进行检查,确保检测器各部分和整体功能及性能正常。

10.1.3　地面测试和检查

海底管道漏磁内检测器在进入管道进行检测前、检测完成出管道后以及日产维护时,需要进行各项测试和检查,以确保检测器的完整和正常。海底管道漏磁内检测器地面测试和检查包括机械结构检查和测试、电气检查和测试两方面。

1) 机械结构检查和测试

机械结构检查和测试包括:检测器机械结构组成是否完整,装配顺序是否正确,是否有多余物的检查,紧固件是否完整、紧固,带弹簧的结构是否能正常拉伸、压缩到位,可浮动的结构是否能正常浮动到位,耐磨垫、皮碗的磨损状态,产品结构件外观情况,里程轮的直径测量。

2) 电气检查和测试

电气检查和测试主要包括:电池、传感器、姿态里程数据、硬盘存储、工作模式切换与控制、磁化单元磁场等的功能和性能是否正常。

10.1.4　管道检测应用

1) 发球

将海底管道漏磁内检测器送入管道内并使其正常运行的过程称为发球。发球前,应对目标管道影响检测器作业的因素进行分析,如表 10-1 所示,确保检测器能正常通过和检测。发球前,应进行管道试通球、清管、测距,并达到检测器发球的要求标准。发球现场,应对检测器进行地面测试和检查,确保检测器工作正常可靠,并将检测器工作模式设置为采集模式。

表 10-1　影响检测器检测作业的因素

序号	类别	影响因素
1	发球装置	发球筒空间
		发球筒长度
		发球筒工艺
		发球筒部件
2	管道附件	三通
		球阀
		弯头
3	管道本体	规格
		材质
		壁厚
		缩径
		介质

序号	类别	影响因素
4	管道内部情况	结蜡
		结垢
		腐蚀
		管道凹坑
		施工残余物
5	生产工艺条件	压力
		温度
		流量
6	收球装置	收球筒空间
		收球筒长度
		收球筒工艺
		收球筒部件

发球时,将检测器装入发球筒,确保检测器的动力皮碗与发球筒变径处的密封性。检测器装球到位后,进行管道流程的切换,将检测器按约定的运行条件发出。确定内检测器发出的标准是发球端的过球指示器显示通过。发球过程中,应做好各种运行的记录(包括发球时间、发球压力、流量等)。

2) 管内运行

发球后应检测管道生产工艺条件(包括压力、流速、温度等),确认检测器在管道内的运行状态。对于地面管道,必要时可采取人工、地面标记器或跟踪定位器等方式跟踪确认检测器是否按预定条件运行。

3) 收球

将海底管道漏磁内检测器从管道内取出的过程称为收球。收球前,应按预定的收球时间提前做好收球准备,将管道流程切换到收球流程。确定检测器进入球筒可以收球端的过球指示器显示通过为准,必要时可用磁场检测方式确定漏磁内检测器在收球筒的位置作为辅助确定检测器是否进入收球筒。确认检测器进入收球筒后,切换管道流程,使收球筒泄压、排污,打开收球筒取出检测器,再将管道流程切换到原来的正常流程。取出检测器后,应将检测器退出采集模式,进行地面测试和检查,读取检测器数据,现场进行数据有效性分析。然后可将检测器搬离管道现场,进行检测数据分析。

10.1.5 维护与维修

1）清洗

检测器从收球筒取出后,根据现场相关安全规定,可对附着在检测器上的油污进行简单的擦拭,以便进行相关操作。现场施工完成,检测器撤离现场地后,需要对检测器进行进一步清洗,彻底清除油污以及吸附在磁铁上的杂物。

2）皮碗的更换

动力皮碗长时间与管壁摩擦会产生破损,当磨损达到一定量值时,可能影响检测器在管道内的运行动力,需及时更换皮碗。

3）耐磨垫的更换

耐磨垫长时间与管壁摩擦会产生破损,耐磨垫磨损严重,可能影响对管壁的磁化性能,需及时更耐磨垫。

4）里程轮的更换

里程轮长时间与管壁摩擦会产生破损,尽管可通过测量其直径进行里程补偿,但里程轮磨损严重时,需及时更换耐磨垫。

5）密封圈更换

应定期检查和更换密封圈,尤其是检测完含腐蚀性介质的管道之后。

6）电池的更换

当预计电池剩余电量不足以支撑即将进行的检测工作时,需更换电池。

7）漏磁检测传感器单元的更换

漏磁检测传感器单元长时间与管壁摩擦容易损伤,当传感器单元损坏或者部分失效时,需要及时更换。

8）注意事项

漏磁检测节的磁体具有强磁性,避免吸附磁性物或手表、靠近心脏起搏器。

10.2 海底管道漏磁内检测器检测现场评估流程与方法

现场评估流程与方法主要是对待检管道的信息进行收集、整理、分析,并结合历史通球情况,分析本次发球的可行性和风险,并给出可能的预防措施,再根据清管情况,给出后续能否发球的决定。

10.2.1 评估所需材料

1. 待检测管道信息

1）管道基本信息

了解管道的基本物理特征、设计信息,包括待检测管道的长度、路由线路图、最小弯头尺寸、管道壁厚范围、立管分布、管道倾斜、直管段变形、里程桩分布、管道的性质(包括海管、陆管、油管、汽管、服役年限等信息)等信息。并针对上述参数结合内检测器自身结构特征,掌握管道的基本设计参数,获得内检测器的初步工况,对内检测器对路由、弯头等的适应性及通过性进行评估,得出可进行内检测作业的可行性。

2) 管道附件

管路附件主要包括管道弯头、阀门、三通、发球装置、收球装置、收发球现场操作空间管路沿线分布结构件(包括阀门、三通)的种类、分布位置、数量等。《钢质管道内检测技术规范》(GB/T 27699—2011)中有对管道的三通、弯头、阀门等的详细的规范要求。

(1) 三通。待检测管道若存在三通,则三通处开孔直径大于30%管道外径的三通应设置挡条或挡板,以防止内检测器进入三通,相邻两个三通中心间距的距离应不大于 $1.5D+\dfrac{d_1+d_2}{2}$ 要求。具体要求为:挡条或挡板的内弧应与主管内表面弧度相同,并等间距分布;周向挡条和轴向挡条应垂直交叉并焊接牢固,挡条两端与管道应焊接固定;挡条的具体设置方法和要求见图 10-1 和表 10-2。

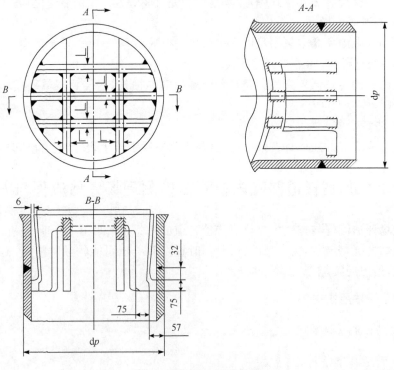

图 10-1　挡条结构示意图

表 10-2　管道三通挡条设置要求

管道通径/mm	轴向挡条数量	周向挡条数量	挡条直径/mm
300	1	0	7
450	2	0	12.5
600	3	2	12.5
750	4	2	19
900	5	2	19
1050	5	2	25

（2）弯头。管道弯头的曲率半径应满足相应规格内检测器的通过性指标要求，相邻弯头间的直管段长度应大于管道外径。

（3）阀门。管道沿线阀门应开启灵活，检测期间应处于全开状态。全开状态的阀门内径应满足检测球最低通过性指标要求。

（4）收发球筒及其操作空间。对于海上平台而言，其平台空间极其有限，因此对收发球平台上的收发球筒的尺寸、可有效利用的收发球作业操作空间进行评估，了解收发球筒的各部分结构参数（图 10-2 和表 10-3），以判断收发球筒的尺寸能否满足内检测器所需的最小发球/收球尺寸。收发球操作过程需要在收发球筒后留出足够的距离空间进行收、发球操作。

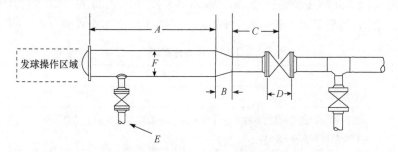

图 10-2　收发球筒示意图

表 10-3　收发球主要结构参数记录表

	发球端	收球端
收发球筒长度(A)		
变径处长度(B)		
常规管道长度(C)		
阀门长度(D)		
旁通外径(E)		

续表

	发球端	收球端
收发球筒外径(F_1)		
收发球筒内径(F_2)		
作业区域($L \times W$)		
收发球筒高度		

2. 管道运行工艺参数

管道正常生产时的工艺参数包括作业收发球两端作业温度、收发球两端作业压力、发球时的介质流量、检测长度,进而与检测器所能达到的技术指标进行对比评估。内检测器在运行期间,管道运行压力应满足检测球正常运行的要求,新建输气管道应建立背压,背压不宜小于 0.4MPa;管道的输送排量应保持平稳并且满足检测球运行速度的要求。根据动力设备的参数评估产品可能在管道内运行时的最大压力、检测速度(流量),再评估产品承压能力的同时根据增压设备所能提供的最大压力间接进行产品卡堵风险的评估。

3. 管道输送的介质

管道输送的介质主要包括沙、垢、蜡、水、CO_2、H_2S、有毒物质、可燃物质、高凝原油等。根据《海底管道系统》(SY/T 10037—2010),流体介质的分类见表 10-4。

表 10-4 介质分类表

类别	描述
A	典型的非可燃水基流体
B	易燃的和(或)有毒物质,该物质在常温常压下是液体。典型的例子是石油产品;甲醇也是一种易燃的和有毒的液体
C	非易燃物质,该物质在常温常压下是无毒气体。典型的例子是氮气、二氧化碳、氢气和空气
D	无毒的、单相的天然气
E	易燃的和(或)有毒的流体,在常温常压下是气体,被作为气体或液体输送。典型的例子是氢气、天然气(不包括 D 类)、乙烷、乙烯、液化石油气(如丙烯、丁烯)、天然气液体、氢和氯

4. 海管完工资料、历史通球情况

海管完工资料、历史通球情况主要了解历次清管的情况,包括清出物数量、工况的稳定性、清出物物性分析情况,以及管道缩径、焊瘤、结蜡等内部工况。并且了解管道变形检测数据,以及历次机械测径所获得的数据,以获得管道的缩径、变形

等信息。根据历史检测数据,进一步结合产品自身的指标数据,对管道缩径、变形的通过性及可靠性进行评估,得出可进行内检测发球作业的可行性。

10.2.2　通过性评估方法

每条管道的工况均不相同,所使用的测径球尺寸也不同,没有一个放之四海而皆准的评价准则,需要根据每条管道的情况进行分析。对通过性的评估方法也无法给出定量的评价准则,仅给出定性的分析方法:

(1)根据变形检测结果了解待检测管道的工况,包括管道缩径、变形情况。

(2)根据管线的设计信息,获取管线路由线路、弯头尺寸、形式、数量、分布位置,法兰及沿路结构件的形式、分布位置等。

(3)根据管道变形检测数据、缩径、弯头尺寸等确定机械测径球直管及弯管测径盘、导向盘的结构尺寸。

(4)根据管道内部的工况,分析计算直管、弯管测径盘的变形量所对应产品的工作状况,给出能发球时测径球直管、弯管测径盘所允许的最大变形量。

10.2.3　结构通过性制约因素

(1)刚性浮动结构的浮动范围。漏磁、里程分系统与管壁的接触为浮动接触,能够适应管道缩径的范围决定了产品的通过性,也是能否发球的决定性因素。

(2)柔性材料的最大变形范围。对于聚氨酯类柔性材料,在保证其适用性能条件下的压缩率不应超过 30%,因此舱段刚体直径、舱段刚体与皮碗的间隙、皮碗厚度以及皮碗的压缩率共同决定了分系统舱段的通过性。

10.2.4　发球可行性分析

在不是十分确定管道内部工况的情况下,首先使用泡沫清管球进行清管,主要验证管道的通过能力。作为试验性通球,同时清除管道中的杂质,泡沫球本身较容易变形,不易造成待检测管道的卡堵,若泡沫球体完好、无解体、严重破碎等损坏,则可根据实际清出物情况进行后续的机械测径、钢刷清管、铁磁清管、电子几何测径等通球操作。

根据机械测径或电子几何测径的结果,以及各漏磁内检测器的不同通过性设计参数,评估可能会影响检测器运行平稳性、造成产品卡堵的可能。

直管测径盘如果发生与弯管测径盘位置一致的变形,表明该变形发生在弯管部位,则该位置变形后的最小径向尺寸大于内检测器舱段的最小等效刚体尺寸,且沿周长方向的变形小于其周长的一定参数(具体与漏磁内检测器自身通过性设计有关)时可以发球。

弯管测径盘变形部位的直径大于舱段等效刚体在弯管处 45°极限运动位置时

的等效刚体直径,且在周长方向变形小于其周长一定参数时可以发球。

10.3　现场应用案例

10.3.1　PL 19-3 A 至 M 段海底管道试验验证

2015 年 5 月 4～11 日选择蓬勃作业区管线路由 A 至 M 段回注水 8.625in (219.1mm)管道进行首次海底管道试验。参试海底管道漏磁内检测器先后经过了环境试验、陆地内外场试验。

此次海试相对陆地试验,重点在更为严格的通过性、更为严格的压力和管道工况适应性、更为复杂的操作现场、更为严格的环境适应性、更为复杂的管道缺陷工况、超指标的管道壁厚等条件下,进一步增强工程样机的测试覆盖性。此处对比了海试试验条件与陆地试验条件的主要差异,如表 10-5 所示。

表 10-5　海试试验条件与陆地试验条件差异对比与分析

指标类别	陆地试验	环境试验	第一次海试	补充验证的条件
目标管道直径(D)	8in	/	8in	/
管道最小弯头半径	2.5D	/	5D	/
管道操作工况	模拟工况,较为理想,流程稳定	牵拉管道,理想	生产水管道,真实复杂,流程不确定	真实复杂工况
管道腐蚀情况	新管,人工缺陷	新管,人工缺陷	腐蚀情况复杂,自然腐蚀缺陷	复杂缺陷检测,自然缺陷量化
适应管道壁厚	9.5mm/12.7mm/18.3mm	/	12.7mm/18.3mm	/
允许最大缩径	21.3mm	/	22.3mm	更为严格考核
立管	直接立管,9m	/	40m,下立管出现水平段	真实管道工况考核
应用介质	淡水、空气	淡水	生产水,混合油质	真实介质工况考核;水的成分不同,对密封要求更高;水中混杂物更为复杂
操作环境	地面空气环境、理想收发球空间	地面空气环境、理想操作空间	海上空气环境、狭小操作空间	真实环境和操作现场考核
运行压力范围	动态最大 3MPa	静态 15MPa,70℃	动态 7.5MPa	更大动态压力和温度混合考核
温度	17～52℃	−20～70℃	57℃	

续表

指标类别	陆地试验	环境试验	第一次海试	补充验证的条件
速度	0.3～3m/s, 空气＞5m/s	0.4～5m/s	0.7m/s	/
管道长度	800m	11m	1760m	更长的真实一次 检测长度考核
管道结构工况	法兰、焊缝、 三通等齐全	法兰、焊缝	法兰、焊缝、三通、 膨胀弯等真实 管道结构齐全	膨胀弯等真实管道 结构适应性考核
管道维护情况	试验清管，维护良好	维护良好	定期清管，维护较好	相对更为严格

　　试验中先后使用清管球、机械测径球和钢刷清管球对试验管道进行清管和测径，作业记录表如表 10-6 所示。随后使用内检测器进行检测作业，作业记录表如表 10-7 所示。

表 10-6　清管和测径发/收球作业记录表

试验项目:清管球		记录时间:2015 年 5 月 10 日			记录人员:熊鑫(发)， 贾兴豪(收)	
检测 次数	发球端 压力/MPa	收球端 压力/MPa	管道流量 /(m³/h)	清出物质量/kg	发球时间	收球时间
1	约 7.5	/	76	约 1	10:04	10:44

试验项目:机械测径球		记录时间:2015 年 5 月 10 日			记录人员:熊鑫(发)， 贾兴豪(收)	
检测 次数	发球端 压力/MPa	收球端 压力/MPa	管道流量 /(m³/h)	直管测径盘 直径/mm	弯管测径盘 直径/mm	发球时间
1	约 7.5	7.54	76	175,175, 174,176,176	165.5, 165,167	11:23　　　12:08

试验项目:钢刷清管球		记录时间:2015 年 5 月 10 日			记录人员:熊鑫(发)， 贾兴豪(收)	
检测 次数	发球端 压力/MPa	收球端 压力/MPa	管道流量 /(m³/h)	清出物质量/kg	发球时间	收球时间
1	约 7.5	7.5	76	3～4	12:52	13:36

表 10-7　内检测器发/收球作业记录表

试验项目:漏磁内检测		记录时间:2015 年 5 月 11 日		记录人员:熊鑫(发), 贾兴豪(收)	
检测 次数	发球端 压力/MPa	收球端 压力/MPa	管道流量 /(m³/h)	发球时间	收球时间	数据读取状况
1	7.6	7.4	76	16:34	17:17	正常

　　内检测作业完成后,产品结构完整,无明显耐磨垫、皮碗和里程轮故障,具有良好的通过性。内检测器收球后,现场测试功能正常,验证了其耐压环境的适应性,未出现密封舱失效等情况,采集并存储了试验数据,海试试验现场正确读出了采集试验数据,电气功能正常。内检测器结构通过性、可靠性、电气综合性能得到了验证。

10.3.2　BZ34-2EP 至 BZ34-1CEPA 平台海底管道试验

　　2015 年 10 月 13~16 日,选择渤海湾南部海域 BZ34-2EP 至 BZ34-1CEPA 平台海底 8.625in(219.1mm)管道进行第二次海管试验。

　　试验中先后使用清管球、机械测径球和钢刷清管球对试验管道进行清管和测径,作业记录表如表 10-8 所示。根据清管及结果,具备内检测条件,随后使用内检测器进行检测作业。作业记录表如表 10-9 所示。

表 10-8　清管和测径发/收球作业记录表

试验项目:清管球			记录时间: 2015 年 10 月 13 日		记录人员:熊鑫(发), 李志华(收)	
检测次数	发球端 压力/MPa	收球端 压力/MPa	清出物 质量/kg	发球时间	收球时间	
1	0.814	0.67	约 1	8:10	8:34	

试验项目:机械测径球			记录时间: 2015 年 10 月 13 日		记录人员:熊鑫(发), 李志华(收)	
检测次数	发球端 压力/MPa	收球端 压力/MPa	直管测径盘 直径/mm	弯管测径盘 直径/mm	发球时间	收球时间
1	0.77~0.93	0.65	190	170	9:12	9:34

试验项目:钢刷清管球			记录时间: 2015 年 10 月 13 日		记录人员:熊鑫(发), 李志华(收)	
检测次数	发球端 压力/MPa	收球端 压力/MPa	清出物 质量/kg		发球时间	收球时间
1	0.877	0.67	3~4		10:07	10:32

表 10-9   内检测器发/收球作业记录表

试验项目:漏磁内检测			记录时间: 2015 年 10 月 16 日	记录人员:熊鑫(发),李志华(收)	
检测次数	发球端压力/MPa	收球端压力/MPa	发球时间	收球时间	数据读取状况
1	0.8	0.58	16:41	17:31	正常

为了避免试验风险,内检测作业前对试验现场、内检测器的机械及电气性能等进行了详细的检查,填写现场检查表。作业后对内检测器也进行了检查。

此次海试作业过程中工程样机运行平稳,海试后,工程样机结构完整,无明显耐磨垫、皮碗和里程轮失效现象,具有良好的通过性。工程样机收球后,现场测试功能正常,验证了其耐压环境适应性,未出现密封舱失效等情况,采集并存储了试验数据,海试试验现场正确读出了采集试验数据,电气性能正常,顺利实现了内检测器结构、电气综合性能的验证,海试试验现场正确采集存储和读取了试验数据,文件采集和存储均正常。试验现场如图 10-3、图 10-4 所示。

图 10-3   中海油能源发展装备技术有限公司渤海油田海试现场媒体采访

图 10-4   中海油能源发展装备技术有限公司渤海油田海试团队及产品

第11章 航天质量管理要求、体系及在内检测器研制中的应用

航天产品大多数情况下发射之后就按预定的程序工作,很难在任务过程中人为进行故障的处理和维修,一旦出现质量问题很容易造成整个任务的失败,因此对产品的可靠性要求很高,要求一次成功。

海底管道漏磁内检测器的使用过程与航天产品有很大的相似之处。内检测器一经发球进入海底管道,就无法对其进行直接的人为干预,人为的操作控制只有对管道内介质的流量、压力等进行调节,从而间接影响内检测器。内检测器在管道内发生故障,轻则无法获得检测数据,管道检测任务失败,重则内检测器本身解体,最严重的是内检测器卡堵在管道内,不仅无法完成管道检测任务,还使被检测管道无法正常工作,造成巨大的损失。因此,海底管道漏磁内检测器的产品质量必须可靠,确保任务过程的成功。

航天科工集团第三十五研究所与中海油能源发展装备技术有限公司联合研发的 8in 海底管道漏磁内检测器参照航天产品的质量管理方法进行研发,有效保证了产品的质量可靠性。

11.1 航天产品的质量管理要求

"质量是生命、质量是责任、质量是财富"是航天的质量价值观。

航天系统一直推行"零缺陷工程管理",以追求零缺陷为理念。以工程管理为特点,以系统预防为重点,以过程控制为方法,以用户满意为标准,是航天型号质量管理理论和方法的创新。在军民产品的研发过程中,都坚持重心前移,系统预防的工作原则,追求第一次就做对、做好,力求全面优质,万无一失。

航天产品一般都是体系庞大、技术复杂的产品。一个完整的航天产品,可以分解为若干个分系统,每个分系统又分解为若干分机,分机中又包含组件、模块等。因此,一个由多级产品组成的航天产品,涉及的专业面很广,参研人员众多,要保证产品的高可靠性,必须用系统的管理方法进行规范的管理,保证各系统、分系统、分机等之间协调一致,并始终保持技术状态受控,才能将众多技术、众多专业、众多人员统筹在一起,研制出质量可靠、性能优异的产品。这种已经在军品研制生产中形成的体系,在民用产品的研发生产中得到自觉的运用。

11.2 航天产品的质量管理体系

航天产品的质量管理体系是以《质量管理体系标要求》(GJB 9001～GJB 9004)为

基础建立的。GJB 9001~GJB 9004 是根据《军工产品质量管理条例》的要求,在相应的质量管理和质量保证国家标准(GB/T 19001~GB/T 19004)的基础上,增加军用产品的特殊要求制定的,以更高的标准要求提高军用产品的质量可靠性水平。

航天所属各单位都按照《质量管理体系标要求》(GJB 9001~GJB 9004),建立本单位协调运行的质量管理体系,把各项质量规章纳入本单位的质量管理体系文件中,充分发挥质量管理体系的预防与纠正功能,在持续改进中不断完善质量预防机制,从而实现高可靠性产品的研发。

航天质量管理体系遵循如下八大原则:

原则 1,以顾客为关注焦点。充分了解和理解顾客当前和未来的需求,满足顾客的要求并争取超越顾客的期望。

原则 2,领导作用。领导者确立本单统一的宗旨和方向,创造实现目标的内部环境,并使员工能充分理解单位的宗旨和贯彻落实工作方向与目标。

原则 3,全员参与。单位里不同角色的每一位职工都充分参与到产品研发生产的质量管理体系中。

原则 4,过程方法。不仅仅关注产品研发生产的结果,同时管理研发生产过程中人、机、料、法、环等各个环节的过程控制情况,特别是这些过程之间的相互作用,更高效地得到预期的质量管控结果。

原则 5,管理的系统方法。对过程网络实施系统分析和优化,遵循整体性原则、相关性原则、动态性原则和有序性原则,提高实现产品高可靠性目标的有效性和效率。

原则 6,持续改进。坚持持续改进,满足顾客及其他相关方不断变化的需求和期望。

原则 7,基于事实的决策方法。重视过程数据与信息的收集,并在科学分析数据与信息的基础上做出正确的决策。

原则 8,与供方互利的关系。随着工业化大协作的发展,与供方建立互利合作的关系,提高对市场的快速反应能力。

以过程为基础的质量管理体系模式见图 11-1。

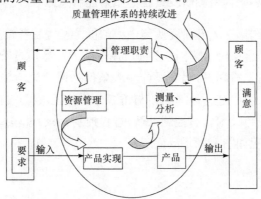

图 11-1 以过程为基础的质量管理体系模式

11.3　航天质量管理在内检测器研制中的应用

11.3.1　海底管道漏磁内检测的研发管理模式

航天科工集团第三十五研究所与中海油能源发展装备技术有限公司联合研发的 8in 海底管道漏磁内检测的研发是在严密的军品质量管理体系管控下进行的,其整个研发过程参照军品研发模式和流程进行。

首先,组建海底管道漏磁内检测的研发队伍,包括涉及的各个专业的技术人员和资源调配的管理人员,明确行政指挥和项目负责人,明确各类人员的职责,以行政和技术两条线管控;提供研发资本,配置适合的设计、生产和试验条件;参照军品研发模式进行项目立项、策划、计划、评审、技术状态控制、采购、生产、检验、试验等管理。按海底管道漏磁内检测的全研发周期进行项目策划,每年还要进行年度总结和年度策划;计划纳入军品计划管理体系,按月进行评价考核。

海底管道漏磁内检测的研发共用军品研发基础设施、共性资源、工作环境和人力资源,并对研发人员进行专项技术培训。

对海底管道漏磁内检测研发过程中的研试文件、设计图纸等予以控制,按规定进行审签和存档。

对海底管道漏磁内检测研发过程中的检测记录、测试记录、试验记录等予以控制,按规定存档。

为了保证产品的高质量、高可靠性,海底管道漏磁内检测研发推行零缺陷系统工程管理的方法,在控制上力求"五全",即全系统、全员、全产品、全过程、全要素控制,在研发过程上采用分步实施的方法,先对关键技术难点进行攻关,再应用于产品上。

11.3.2　海底管道漏磁内检测研发过程的质量控制措施

在航天科工集团第三十五研究所与中海油能源发展装备技术有限公司联合研发 8in 海底漏磁内检测器的过程中,全面应用了航天产品质量管理的方法,进行产品需求分析,编制研发策划书,明确设计输入条件和设计试验输出要求,对关键环节进行评审,设计过程中进行计算校核与仿真分析验证,通过一系列试验进行设计确认,研发过程中进行技术状态控制、试验过程控制、采购过程控制、产品防护控制等。其研发过程流程如图 11-2 所示。

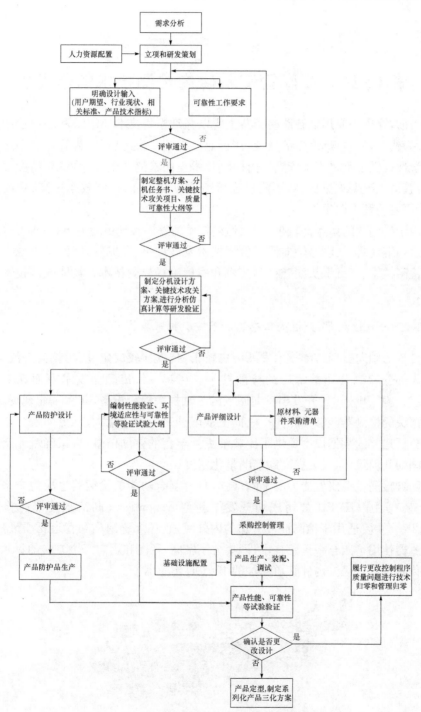

图 11-2　8in 海底管道漏磁内检测研发质量控制流程

第 12 章　海底管道漏磁内检测技术的新发展

当前,国内外应用的智能检测器主要以漏磁检测技术(MFL)和超声检测技术(UT)为代表,经过 40 多年的发展,在工业界得到了广泛应用,为管道安全运行和科学管理提供了重要决策依据。内检测技术正向检测缺陷尺寸更小、精度要求更高、对管道工况要求更低、对不同口径管道适应性更强、检测效率更高、功能更强大、使用更便利方向发展。

由于受到的约束条件较少,漏磁检测技术的发展表现更为突出,各种形式的漏磁技术相继涌现。其中,轴向漏磁检测技术发展最早、最成熟,继而又出现了周向漏磁检测技术、三维探头漏磁检测技术和螺旋磁场检测技术。具体关键技术趋势如下。

1. 下一代检测器:先进的传感器和多重数据采集技术

传统的轴向磁场检测技术发展历史较长,技术比较成熟,应用较为广泛,目前仍是大部分检测公司最常用的检测技术。在新一代传感器技术方面,GE PII、ROSEN 等检测公司已开发出轴向磁场的三轴探头检测设备,并在工业现场应用。三轴探头的检测器能够检测同一柱面上缺陷处磁场的矢量大小、方向及分布。为数据分析建立的数据模型提供了比单轴更为丰富的数据信息,可精确量化金属损失缺陷的几何尺寸,大大提高缺陷的量化精度。

随着检测设备研发能力的不断增强,具有复合功能的检测器也成为未来发展的趋势。美国 GE PII 公司成功开发了新型 MagneScan 高清晰度漏磁检测器(图 12-1),主要适用于检测油气管道的内外腐蚀、环焊缝缺陷和管道材质硬疤等。该检测器使用了四合一传感技术,即集合了轴向、径向和周向三个方向的霍尔效应腐蚀传感器以及区分内外管道腐蚀的 ID/OD 传感器。

图 12-1　GE PII公司 MagneScan 高清晰度漏磁检测器

　　此外,新型 MagneScan 内检测器还整合了 1 个高清晰度测径阵列(24 个传感器)和惯性测量单元(IMU),不但可以检测很小的凹陷,还可以实现对管线走向的三维测绘和曲率/张力大小的确定。以 6in 为例,MagneScan 内检测器的性能参数如下:介质最大压力为 15MPa;深度、长度和宽度尺寸的精确度为±10%壁厚。在72 个磁道中配置了 216 个霍尔传感器。采样间隔为轴向 2mm,周向 5.6mm,最小检测凹陷直径为 5mm,该检测器的最小长度可达 1.3m。

　　TDW 公司也成功开发了这种多重数据采集技术。该公司可以根据客户对检测精度和缺陷类型等要求,在同一个内检测器中集合多种检测技术,如 DEF＋XYZ、GMFL＋XYZ、MFL＋XYZ、MFL＋DEF＋XYZ、GMFL＋DEF＋XYZ、SMFL(MFL 为漏磁检测技术,GMFL 为输气管道漏磁检测技术,DEF 为几何变形检测技术)。TDW 公司的多重数据采集检测器如图 12-2 所示。

图 12-2　TDW 公司的多重数据采集检测器

2. 特殊需求的磁化技术

1) 周向场漏磁检测技术(TFI)

　　传统的轴向磁场检测技术对轴向缺陷较敏感,而对沿管道轴向的纵向金属损失缺陷不敏感,被轴向磁场漏磁检测器发现或者探测到的信号较弱,因此作为常规轴向漏磁检测技术的补充,周向磁场检测器应运而生。它提高了对沿管道轴向狭长金属损失缺陷的检测灵敏度。目前,周向磁场检测设备对漏磁检测技术发展具有重要意义。

　　例如,GE PII 公司研发的 TranScan 检测器,向在线检测环境中引入周向场检测(transverse field inspection)。目标缺陷是既长又窄的,并且与管道的轴向平行,例如,应力和腐蚀性裂缝、纵向焊缝的开裂以及狭窄的轴向外部腐蚀(NAEC)。

TranScan 检测器(图 12-3)利用了与 MagneScan 检测器相似的漏磁检测技术,但与其不同的是,它诱导了管道周围的而不是沿着管道的磁感流量。这使该检测工具可获得轴向特征的侧向视图,给出其深度的更为清晰的指示。

图 12-3　TranScan 检测器

又如,2012 年,Baker Hughes 公司收购了 Intratech 在线检测服务有限公司的资产和周向/横向场漏磁检测技术,从而扩大了其管道检测服务。

2)螺旋漏磁内检测技术

目前,国内外已应用于工业的轴向或周向漏磁内检测器对于腐蚀坑、三维机械缺陷等类型缺陷的传感器反应特别敏感,检测的准确度也很高;而对于与磁力线方向平行的浅、长且窄的金属损失缺陷,则不能有效地感应到磁场的变化。

在 2011 年里约国际管道会议上,TDW 公司发表了论文"倾斜漏磁场在线检测技术",阐述了螺旋漏磁场检测管道金属损失缺陷的优势。而螺旋磁场检测技术正好是轴向和周向磁场检测技术的有机结合。牵拉试验结果表明,该设备不仅可以检测到轴向狭长的缺陷(传统的 MFL 不能检测到),而且能够检测到周向的缺陷。对于轴向狭长缺陷,SMFL 比普通 MFL 检测信号的灵敏度明显提高。

TDW 公司开发的螺旋漏磁检测技术(SpirALLTM magnetic flux leakage,SMFL),如图 12-4 所示,结合了周向漏磁技术的优点以及传统的轴向漏磁检测技术的精度特性,在没有明显增加测量节长度的情况下,能够实现对各个方向狭长裂缝的精确测量。

图 12-4　TDW 公司的 SpirALLTM 螺旋漏磁内检测器

2011 年 2 月,TDW 公司宣布螺旋漏磁检测器(SMFL)开始面市。据悉,SMFL 组合了 MFL 和 TFI,可提供前所未有的检测性能。传统的轴向 MFL 技术可检测体积型管道异常、普通腐蚀和较宽的周向缺陷,SMFL 技术有能力检测管壁和长焊缝的又长又窄的缺陷。TFI 设计用于检测普通腐蚀,以及又长又窄的金属缺陷特征。SMFL 通过组合标准 TFI 技术能力和传统轴向 MFL 技术能力,填补了组合检测技术市场的空白。这种高分辨率 SMFL 检测器具有多种好处,例如,TEI 需要两台磁化器,而 SMFL 只需要一台。因此,SMFL 检测器可以与 MFL 技术配对使用,而无须扩展检测器的长度。

TDW 公司引述了一个最新的应用案例,其中该公司产品可单独运行于口径16in,壁厚 0.25in 的管道。而轴向 MFL 工具不能检测外部轴向沟(gouge),SMFL工具生成的数据显示了一条测量的沟长为 6in,宽为 0.25in,深度为 40%壁厚。

SMFL 的面世进一步扩展了 TDW 的管道检测服务能力,其标志是最年发布的 48in 气体漏磁检测(GMFL)技术。GMFL 技术可在管道气体压力变化的情况下操作运行,这种情况通常会导致其他类型的检测工作停止或喘振(stall and surge)。

螺旋漏磁检测器重新定义漏磁在线检测技术,优越的缺陷分级精度和特征描述可在一次检测运行中获得最可靠的多数据集,提供最精确的长缝评估,无须显著增加检测工具的长度。它结合了横向场检测技术和传统轴向漏磁检测技术的优点。新型螺旋漏磁技术,可用于增强的缺陷特征描述和数据传输。

3. 新一代专家系统:综合数据分析能力进一步提高

新一代专家系统通过在单一一次检测运行中组合金属缺陷、卡尺和绘图,可自动提高数据的校准速度和精度,显著改善缺陷定位精度,改进直接评估和补救规划活动。该系统还可与现有数据管理软件更大程度地集成,采取了管道内外缺陷检测结果集成,实现基于 GIS 信息的管道数据库建立,向客户提供更广泛的定制完整性管理解决方案选项菜单。

4. 其他重要相关技术

1) 免清管和变形检测内检测技术

国内目前的管道内检测通常由三步组成:清管、测径和腐蚀检测,即清管器清管、测径器检测和定位管道的几何形状异常并处理后,由腐蚀内检测器运行检测管道的缺陷。Baker Hughes 公司开发了一种 CPIGTM MFL 和 Caliper 内检测器,该内检测器组合了 MFL、卡尺和惯性数据技术,可以在一次检测中同时获得高清晰度的金属缺陷数据和几何检测数据。由于该检测器能通过比现有最先进的清管器要求更严格的管径条件,这大大减少了对传统的清管器和测径器的依赖。其CPIG 8in 漏磁检测器如图 12-5 所示。

图 12-5　Baker Hughes 公司的 CPIG 8in 漏磁检测器

2)"高通过性"管道内检测技术

由于管道的通过性(小口径管道)和阀门的限制、变径设计以及转弯半径较小等问题,目前世界上大约有 1/3 的管道属于"难以检测"的管道。美国 GE PII 公司开发了一种 SmartScan™内检测器(图 12-6),该检测器可以在部分以前无法使用清管器的管道(6~10in)中运行。其可用于输油和输气管道,最小弯曲半径为 D(D 为管道公称直径),适用壁厚为 6.35~12.7mm,长、宽的精确度分别为±20mm、±20mm,深度尺寸的精确度为±15%壁厚。

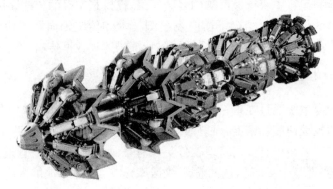

图 12-6　GE PII 公司的 SmartScan™内检测器

管道漏磁内检测设备已由单纯的缺陷检测向高清晰度、GPS 和 GIS 技术集成于一体的高智能检测器方向发展。为了能有效地获得各种潜在的风险数据,需要准确可靠的检测和传感等技术。高精度的在线检测技术、缺陷实时监控技术、管道安全评估与风险分析模型仿真、网络化数据采集并结合卫星通信技术、红外遥感技术、GIS 等现代先进信息技术等,都是实现决策支持需要的技术。在今后的管道内检测技术研究中,开展管道一体化组合检测技术研究,把内检测器的规格同缺陷规格及其他检测要求配合起来,充分利用各种管道检测技术的特点,结合漏磁通法与超声波法,未来将会研制出更多能够同时具有检测腐蚀、应力腐蚀裂纹、裂纹和凹痕缺陷能力的多功能内检测器。

5. 市场前景

2020 年全球无损检测市场有望达到 17.2 亿美元。在全球经济低迷的背景下,无损检测行业成为为数不多的表现抢眼的市场之一。

目前,全球最大的无损检测市场仍是北美市场,因为政府制定了严格的安全法规,尽管经济低迷,但是仍必须进行定期的检测。其次是欧洲市场。而亚太地区的主要经济体国家及拉丁美洲则是新兴市场。

在新兴经济体国家中,如印度、中国和巴西,由于基础设施的快速推进,正在不断推动无损检测市场的发展。巴西是拉丁美洲最大的经济体,其油气、电力、航空航天和汽车行业是主要的增长驱动力,使得巴西成为无损检测市场恢复性增长的前锋。在拉丁美洲,大部分无损检测市场来自石油和天然气的终端用户。

《管道检测服务价格数据和市场研究》的市场报告中,IBISWorld 认为:自 2011 年开始,全球经济从衰退中持续复苏。近三年,管道检测服务的价格稳定增长,平均年增长率为 1.3%,预计达到每英里 3010 美元。这些检测服务的驱动力主要来自采矿、油气行业的需求。

Frost & Sullivan 公司在一份题为《无损检测新兴市场》的报告中,认为全球无损检测的新兴市场是巴西、中国、印度和南非。2012 年,新兴市场无损检测服务的市场总额达到 3.678 亿美元,年复合增长率为 10.7%,预计 2017 年可达到 6.156 亿美元。其中,前三强占据了 23% 的市场份额。出人意料的是,中国市场的贡献是最小的。这是因为,中国的终端用户行业倾向于进行内部检测,而不是外包。油气和电力等终端用户行业是主要的增长驱动力。

目前,国内漏磁内检测技术已经趋于成熟,有望打破国外行业巨头的技术垄断。国内管道检测市场广阔,漏磁技术应用的经济效益和社会效益显著。管道检测企业应抓紧时机,努力做大做强,迎接未来市场的挑战。可以预见,漏磁检测技术的应用前景将一片光明。